心情决定成败

张俊红◎编著

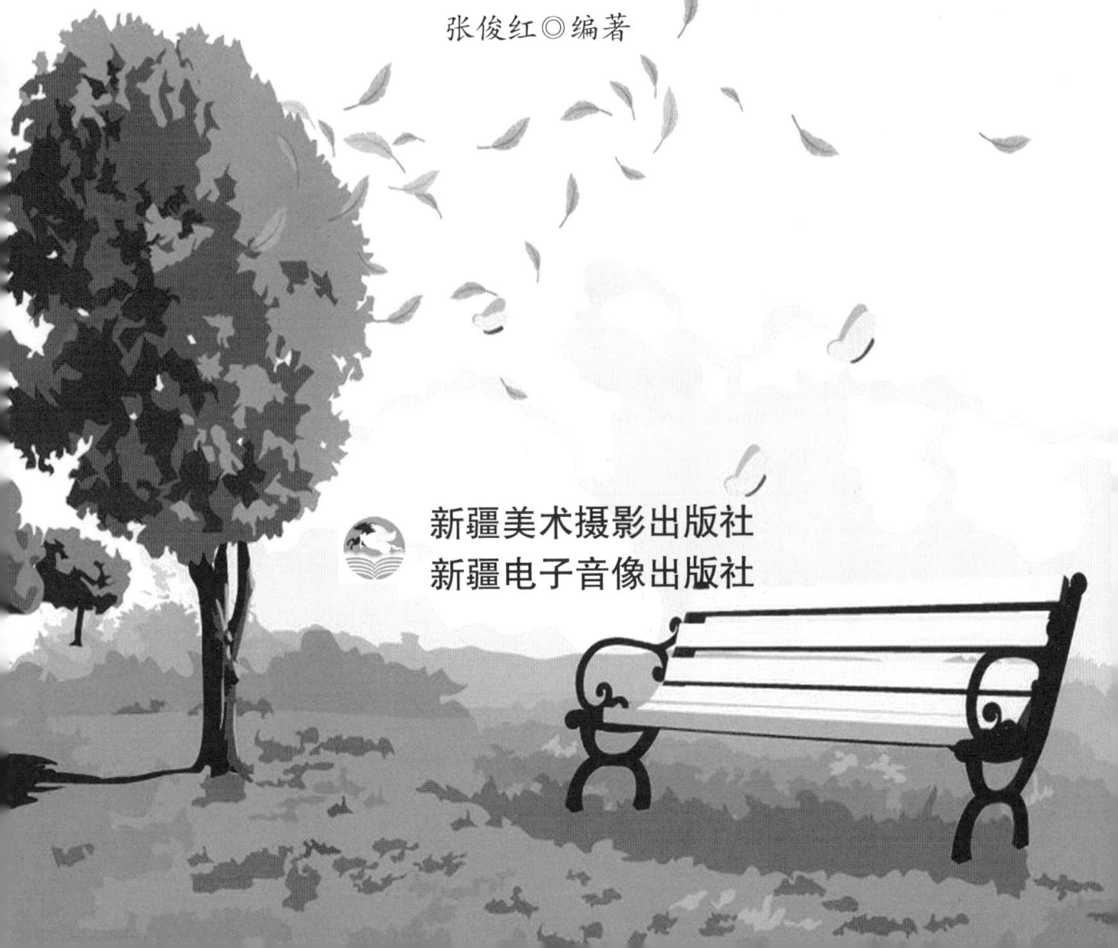

新疆美术摄影出版社
新疆电子音像出版社

图书在版编目(CIP)数据

心情决定成败 / 张俊红编著. -- 乌鲁木齐 : 新疆美术摄影出版社:新疆电子音像出版社, 2013.4
ISBN 978-7-5469-3884-4

Ⅰ. ①心… Ⅱ. ①张… Ⅲ. ①情绪 - 自我控制 - 青年读物②情绪 - 自我控制 - 少年读物 Ⅳ. ①B842.6-49

中国版本图书馆 CIP 数据核字(2013)第 071377 号

心情决定成败　　主　编　夏　阳

编　　著　张俊红
责任编辑　吴晓霞
责任校对　李　瑞
制　　作　乌鲁木齐标杆集印务有限公司
出版发行　新疆美术摄影出版社
　　　　　新疆电子音像出版社
地　　址　乌鲁木齐市经济技术开发区科技园路 7 号
邮　　编　830011
印　　刷　北京新华印刷有限公司
开　　本　787 mm × 1 092 mm　1/16
印　　张　14.5
字　　数　170 千字
版　　次　2013 年 7 月第 1 版
印　　次　2013 年 7 月第 1 次印刷
书　　号　ISBN 978-7-5469-3884-4
定　　价　43.50 元

本社出版物均在淘宝网店:新疆旅游书店(http://xjdzyx.taobao.com)有售,欢迎广大读者通过网上书店购买。

目录

充满希望的生活

在一个偏僻的山村，住着一位独自生活的老奶奶。在她26岁的时候，丈夫外出做生意，却一去不返。是死在了乱枪之下，还是病死在外，还是像有人传说的那样被人在外面招了养老女婿，都不得而知。当时，她唯一的儿子只有5岁。

丈夫不见踪影几年以后，村里人都劝她改嫁。没有了男人，孩子又小，这寡得守到什么时候？然而，她没有改嫁。她说，丈夫生死不明，也许在很远的地方做了大生意，没准哪一天就回来了。她被这个念头支撑着，带着儿子顽强地生活着。她甚至把家里整理得更加井井有条，她想，假如丈夫发了大财回来，不能让他觉得家里这么窝囊。

就这样过去了十几年。在她儿子17岁的那一年，一支部队从村里经过，她的儿子跟部队走了。儿子说，他到外面顺便去寻找父亲。

不料儿子走后又是音信全无。有人告诉她，说儿子在一次战役中战死了，她不信，一个大活人怎么能说死就死呢？她甚至想，儿子不仅没有死，还做了军官，等打完仗，天下太平了，就会衣锦还乡。她还想，也许儿子已经娶了媳妇，给她生了孙子，回来的时候是一家子

人了。

尽管儿子依然杳无音信，但这个想象给了她无穷的希望。她是一个小脚女人，不能下田种地，她就做绣花的小生意，勤奋地奔走四乡，赚一点钱供自己花销。她告诉人们，她要赚些钱把房子翻盖了，等丈夫和儿子回来住。

有一年她得了大病，医生已经判了她死刑，但她最后竟奇迹般地活了过来。她说，她不能死，她死了，儿子回来到哪里找家呢？

这位老人一直在这个村里健康地生活着，后来她活到了 100 岁，她还是做着她的绣花生意。她天天算着，她的儿子生了孙子，孙子也该生孩子了。这样想着的时候，她那布满皱褶的沧桑的脸，立刻会变成绚烂多彩的花朵。

不能流泪就微笑

在美国艾奥瓦州的一座山丘上，有一间不含任何合成材料、完全用自然物质搭建而成的房子。里面的人需要依靠人工灌注的氧气生存，并只能以传真与外界联络。

住在这间房子里的主人叫辛蒂。1985年，辛蒂还在医科大学念书，有一次，她到山上散步，带回一些蚜虫。她拿起杀虫剂为蚜虫去除化学污染，这时，她突然感觉到一阵痉挛，原以为那只是暂时性的症状，谁料到自己的后半生就从此变为一场噩梦。

这种杀虫剂内所含的某种化学物质使辛蒂的免疫系统遭到破坏，使她对香水、洗发水以及日常生活中接触的一切化学物质一律过敏，连空气也可能使她的支气管发炎。这种"多重化学物质过敏症"是一种奇怪的慢性病，到目前为止仍无药可医。

患病的前几年，辛蒂一直流口水，尿液变成绿色，有毒的汗水刺激背部形成了一块块疤痕。她甚至不能睡在经过防火处理的床垫上，否则就会引发心悸和四肢抽搐——辛蒂所承受的痛苦是令人难以想象的。1989年，她的丈夫吉姆用钢和玻璃为她盖了一所无毒房间，一个足以逃避所有威胁的"世外桃源"。辛蒂所有吃的、喝的都得经过选择与处理，她平时只能喝蒸馏水，食物中不能含有任何化学成分。

多年来，辛蒂没有见到过一棵花草，听不见一声悠扬的歌声，感觉不到阳光、流水和风的快慰。她躲在没有任何饰物的小屋里，饱尝孤独之苦。更可怕的是，无论怎样难受，她都不能哭泣，因为她的眼泪跟汗液一样也是有毒的物质。

坚强的辛蒂并没有在痛苦中自暴自弃，她一直在为自己，同时更为所有化学污染物的牺牲者争取权益。辛蒂生病后的第二年就创立了"环境接触研究网"，以便为那些致力于此类病症研究的人士提供一个窗口。1994 年辛蒂又与另一组织合作，创建了"化学物质伤害资讯网"，保证人们免受威胁。目前这一资讯网已有来自 32 个国家的 5000 多名会员，不仅发行了刊物，还得到美国上议院、欧盟及附合国的大力支持。

在最初的一段时间里，辛蒂每天都沉浸在痛苦之中，想哭却不敢哭。随着时间的推移，她渐渐改变了生活的态度，她说："在这寂静的世界里，我感到很充实。因为我不能流泪，所以我选择了微笑。"

品味孤独

波澜万丈的生活激荡人心，令人心驰神往，但在人生的河流中，更多的则是平静，你总要学会一个人慢慢地享受人生，总会有那么一个时刻，你是孤独无助的。但不要害怕，因为这本身就是人生给你的最高馈赠，正如罗曼·罗兰所说："世上只有一个真理，便是忠实人生，并且爱它。"那么，当孤独来临时，去体味它、享受它，在欣赏完夏花的绚烂之后，不妨沉下心来，品读秋叶的静美。

孤独是一种难得的感觉，在感到孤独时轻轻地合上门和窗，隔去外面喧闹的世界，默默地坐在书架前，用粗糙的手掌爱抚地拂去书本上的灰尘，翻着书页嗅觉立刻又触到了久违的纸墨清香。正像作家纪伯伦所说："孤独，是忧愁的伴侣，也是精神活动的密友。"

孤独，是人的一种宿命，更是精神优秀者所必然选择的一种命运。

布雷斯巴斯达曾经说过："所有人类的不幸，都是起始于无法一个人安静地坐在房间里。"洗尽尘俗，褪去铅华，在这喧嚣的尘世之中，要保持心灵的清静，必须学会享受孤独。孤独就像个沉默少言的朋友，在清静淡雅的房间里陪你静坐，虽然不会给你谆谆教导，但却会引领你反思生活的本质及生命的真谛。孤独时你可以回味一下过去的事情,以明得失;也可以计划一下未来,以未雨绸缪;你也可以静下心来读点书,让书籍来滋养一下干枯的心田;也可以和妻子一起去散散步,弥补一下失落的情感;还可以和朋友聊聊天,古也谈谈,今也谈谈,不是神仙,胜似神仙。

孤独,实在是内心一种难得的感受。当你想要躲避它时,表示你已经深深感受到它的存在。此时,不妨轻轻地关上门窗,隔去外界的喧闹,一个人独处,细心品味孤独的滋味。虽然它静寂无声,却可以让你更好地透视生活,在人生的大起大落面前,保持一种洞若观火的清明和远观的睿智。

在人生的漫漫长路中,孤独常常不请自来地出现在我们面前。在广阔的田野上,在"行人欲断魂"的街头,在幽静的校园里,在深夜黑暗的房间中,你都能隐约感受到孤独的灵魂。

在现代社会中为生存而挣扎的人总会有一种身在异国他乡之感:冷漠、陌生,好像"站在森林里迟疑不定,未知走向何方",好像"动物引导着自己","感到在众人中比在动物中更加危险",又好像"独坐在醉醺醺的世人之中","哀诉"人间的不公正。总之,互相猜忌,彼此欺诈,黑暗笼罩着去路,危险隐藏在背后,这些就是现实人生的写照。

而保留一点孤独则可以使你"远看"事物,即"从事物远离",对事物"作远景的透视",只有这样才能达到万物合一、生命永恒的境界。在这种境界中,你"可以倾诉一切","可以诚实坦率地向万物说话","人们彼此开诚布公,开门见山"。这也是一种艺术审美的境界,它能"使事物美丽、诱人,令人渴慕",使人成为自己的主人,使人生获得意义和价值。

尘世中，无数人眷恋轰轰烈烈，以拜金主义为唯一原则而没头没脑地聚集在一起互相排挤、相互厮杀。生活的智者却总能以孤独之心看孤独之事，自始至终都保持独立的人格，流一江春水细浪，淘洗劳碌之身躯，存一颗宁静淡泊之心，寄寓无所栖息的灵魂。

这是孤独的净化，它让人感动，让人真实又美丽，它是一种心境，氤氲出一种清幽与秀逸，营造出一种独处的自得和孤高，去获得心灵的愉悦，获得理性的沉思，与潜藏灵魂深层的思想交流，找到某种攀升的信念，去换取内心的宁静、博大致远的菩提梵境。

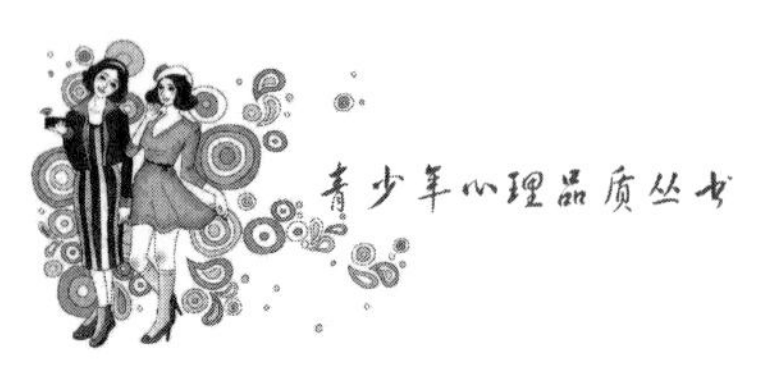

恐惧是心灵之魔

恐惧能摧残一个人的意志和生命，它能影响人的胃、伤害人的修养、减少人的生理与精神的活力，进而破坏人的身体健康。它能打破人的希望、消退人的志气，而使人的心力“衰弱”至不能创造或从事任何事业。

许多人简直对一切都怀着恐惧之心：他们怕风，怕受寒；他们吃东西时怕有毒，经营商业时怕赔钱；他们怕人言，怕舆论；他们怕困苦的时候到来，怕贫穷，怕失败，怕收获不佳，怕雷电，怕暴风……他们的生命，充满了怕，怕，怕！

恐惧能摧残人的创造精神，足以杀灭个性而使人的精神机能趋于衰弱。一旦心怀恐惧、不祥的预感，则做什么事都不可能有效率。恐惧代表着、指示着人的无能与胆怯。这个恶魔，从古到今，都是人类最可怕的敌人，是人类文明事业的破坏者。

卫斯里为了领略山间的野趣，一个人来到一片陌生的山林，左转右转，迷失了方向。正当他一筹莫展的时候，迎面走来了一个挑山货的美丽少女。

少女嫣然一笑，问道：“先生是从景点那边迷失方向的吧？请跟

我来吧，我带你抄小路往山下赶，那里有旅游公司的汽车在等着你。”

卫斯里跟着少女穿越丛林，阳光在林间映出千万道漂亮的光柱，晶莹的水汽在光柱里飘飘忽忽。正当他陶醉于这美妙的景致时，少女开口说话了："先生，前面一点就是我们这儿的鬼谷，是这片山林中最危险的路段，一不小心就会摔进万丈深渊。我们这儿的规矩是路过此地，一定要挑点或者扛点什么东西。”

卫斯里惊问："这么危险的地方，再负重前行，那不是更危险吗？”

少女笑了，解释道："只有你意识到危险了，才会更加集中精力，那样反而会更安全。这儿发生过好几起坠谷事件，都是迷路的游客在毫无压力的情况下一不小心摔下去的。我们每天都挑东西来来去去，却从来没人出事。”

卫斯里冒出一身冷汗，对少女的解释并不相信。他让少女先走，自己去寻找别的路，企图绕过鬼谷。

少女无奈，只好一个人走了。卫斯里在山间来回绕了两圈，也没有找到下山的路。

眼看天色将晚，卫斯里还在犹豫不决。夜里的山间极不安全，在山里过夜，他恐惧；过鬼谷下山，他也恐惧，况且，此时只有他一个人。

后来，山间又走来一个挑山货的少女。极度恐惧的卫斯里拦住少女，让她帮自己拿主意。少女沉默着将两根沉沉的木条递到卫斯里的手上。卫斯里胆战心惊地跟在少女身后，小心翼翼地走过了这段“鬼谷”。

过了一段时间，卫斯里故意挑着东西又走了一次“鬼谷”。这时，他才发现"鬼谷"没有想象中那么"深",最"深"的是自己心中的"恐惧"。

恐惧是人生命情感中难解的症结之一。面对自然界和人类社会,生命的进程从来都不是一帆风顺、平安无事的,总会遭到各种各样、意想不到的挫折、失败和痛苦。当一个人预料将会有某种不良后果产生或受到威胁时,就会产生这种不愉快情绪,并为此紧张不安,程度从轻微的忧虑一直到惊慌失措。现实生活中每个人都可能经历某种困难或危险的处境,从而体验不同程度的焦虑。恐惧作为一种生命情感的痛苦体验,是一种心理折磨。人们往往并不为已经到来的,或正在经历的事而惧怕,而是对结果的预感产生恐慌,人们生怕无助、生怕排斥、生怕孤独、生怕伤害、生怕死亡的突然降临,同时人们也生怕丢官、生怕失业、生怕失恋、生怕失亲、生怕声誉的瞬息失落。

马克·富莱顿说:"人的内心隐藏任何一点恐惧,都会使他受魔鬼的利用。"美国著名作家、诺贝尔文学奖获得者福克纳说:"世界上最懦弱的事情就是害怕,应该忘了恐惧感,而把全部身心放在属于人类情感的真理上。"爱因斯坦说:"人只有献身社会,才能找出那实际上是短暂而有风险的生命的意义。"

循着哲人们的脚步,聆听他们智慧的声音,我们还有什么可以恐惧的理由?

心境不同结果不同

古代一个举人进京赶考，住在一家店里。考试前两天他做了3个梦，第一个梦是自己在墙上种白菜；第二个梦是下雨天，他戴了斗笠还打伞；第三个梦是跟心仪已久的表妹躺在一起，但是背靠着背。

这三个梦似乎有些深意，举人第二天就赶紧去找算命的解梦。算命的一听，连拍大腿说："你还是回家吧！你想想，高墙上种菜不是白费劲吗？戴斗笠打雨伞不是多此一举吗？跟表妹都躺在一张床上了，却背靠背，不是没戏吗？"

举人一听，如同掉进了万丈深渊。他回到店里，心灰意冷地收拾包袱准备回家。店老板非常奇怪，问："不是明天就要考试了吗？你怎么今天就要回乡了？"

举人如此这般说了一番，店老板乐了："哟，我也会解梦的。我倒觉得，你这次一定要留下来。你想想，墙上种菜不是高种(中)吗？戴斗笠打伞不是说明你这次有备无患吗？跟你表妹背靠背躺在床上，不是说明你翻身的时候就要到了吗？"

举人一听，觉得店主这个梦解得更有道理，于是振奋精神参加考试，果然考中了。

这就是不同心态带来的不同结果。

为什么会这样呢？积极的心态能激发脑啡，脑啡又转而激发乐观和幸福的感觉，这些感觉反过来又增强了积极的心态，这样，就形成了“良性循环”。

积极的心态能激发高昂的情绪，帮助我们忍受痛苦，克服抑郁、恐惧，化紧张为精力充沛，并且凝聚坚韧不拔的力量。

这就从生理学(精神药理学)的角度解释了为什么成功者都是心态积极者，为什么他们能够拿得起、放得下，忍辱负重，乐观向上，义无反顾地走向成功。

相反，消极的心态和颓废的思想则耗尽了体内的脑啡，导致人心情沮丧。由于心情沮丧，脑啡的分泌量更加减少，于是消极的想法变得越来越严重，这就是“恶性循环”。

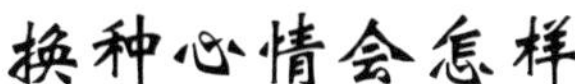

生活中有些痛苦是外力强加的，但更多的痛苦是自己选择的，比如，强迫自己的内心去回忆痛苦的往事，这就是给自己强加的另一种痛苦。

多年以前，有一个女孩被强暴了，非常痛苦，就到庙里去烧香求签。看到女孩一脸悲伤，一位老和尚问她发生了什么事。

这个女孩哭了，她泣不成声地说："我好惨啊，我多么地不幸啊，我这一辈子都忘不了这件事情了……"

听罢她的陈述，老和尚对她说："这位小姐，你被强暴是你自愿的。"

这个女孩被老和尚的话吓了一跳，说："你说什么？我怎么可能自愿被强暴？"

老和尚对她说："你被他强暴了一次，但在你的心里，天天心甘情愿地被他强暴一次，那你一年下来，就被他强暴了 365 次。"

"这是什么意思呢？"女孩不解地问。

"在你身边发生了一件不好的事情，你好像看了一场不好的电影一样，天天在回想，这不是很笨的事情吗？这与重蹈覆辙有什么区别呢？你改变不了环境，但你可以改变自己；你改变不了事实，但你可以改变态度；你改变不了过去，但你可以改变现在；你不能控制他人，但你可以掌握自己；你不能预知明天，但你可以把握今天；你不可能样样顺利，但你可以事事尽心；你不能延伸生命的长度，但你可以决定生命的宽度；你不能左右天气，但你可以改变心情……”

希望让生命之树常青

希望和欲念是生命不竭的原因所在。记住，无论在什么境况中，我们都必须有继续向前行的信心和勇气，生命的生动在于我们满怀希望，不懈追求。

有一个老人，刚好100岁那年，不仅功成名就，子孙满堂，而且身体硬朗，耳聪目明。在他百岁生日的这一天，他的子孙济济一堂，热热闹闹地为他祝寿。

在祝寿中，他的一个孙子问："爷爷，您这一辈子，在那么多领域做了那么多的成绩，您最得意的是哪一件呢？"

老人想了想说："是我要做的下一件事情。"

另一个孙子问："那么，您最高兴的一天是哪一天呢？"

老人回答："是明天，明天我就要着手新的工作，这对于我来说是最高兴的事。"

这时，老人的一个重孙子，虽然还不到30岁，但已是名闻天下的大作家了，站起来问："那么，老爷爷，最令您感到骄傲的子孙是哪一个呢？"说完，他就支起耳朵，等着老人宣布自己的名字。

没想到老人竟说："我对你们每个人都是满意的，但要说最满意

的人，现在还没有。”

这个重孙子的脸陡地红了，他心有不甘地问：“您这一辈子，没有做成一件感到最得意的事情，没有过一天最高兴的日子，也没有一个令您最满意的孙子，您这100年不是白活了吗？”

此言一出，立即遭到了几个叔叔的斥责。老人却不以为忤，反而哈哈大笑起来：“我的孩子，我来给你说一个故事：一个在沙漠里迷路的人，就剩下半瓶水。整整5天，他一直没舍得喝一口，后来，他终于走出大沙漠。现在，我来问你，如果他当天喝完那瓶水的话，他还能走出大沙漠吗？”

老人的子孙们异口同声地回答：“不能!”

老人问：“为什么呢？”

他的重孙子作家说：“因为他会丧失希望和欲念，他的生命很快就会枯竭。”

老人问：“你既然明白这个道理，为什么不能明白我刚才的回答呢？希望和欲念，也正是我生命不竭的原因所在呀!”

生命在于永不放弃，我们的事业也如此，有希望在，我们就有了前进的方向，就有了不竭的动力。

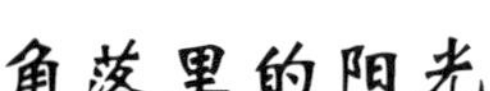

角落里的阳光

那是1980年的7月1日，是的，我永远记得。我一个人驱车前往莫里菲斯镇，那里有我的一家超市，每个季度的第一个月的1号，我都要去那里召开一次员工会议。到的时候约摸是上午9点，我把车停在超市广场上后就匆忙赶往会议室。出来的时候已是下午2点，远远地看见有个人趴在我的车上，好像在使劲地涂画着什么。等我走近一看，却惊讶地发现是个黑黑的男孩正用一块灰色抹布帮我擦车。超市有全套的自动洗车装备，况且我的车早上刚刚冲洗过。这个小孩从哪儿冒出来的？出于好奇，我没有出声。汗水浸透了他灰白的牛仔裤，他使劲地翘起臀部，尽量不让身体接触车身。他穿一双破旧的布鞋，看得出是贫民窟的孩子。我轻轻地拍了一下他的肩膀，他“啊”一声转过来，手上的抹布应声落下。一张黝黑成熟的脸，惊恐不已地看着我。我笑着向他伸出手说：“嗨，你好!我叫汤姆·特尔斯。”他迟疑了一会儿慢慢地伸出手：“您好，汤姆先生，我叫比尔·莱特。”看得出这是一个羞涩老实的男孩。我从口袋里抽出一百美元给他，可他慌忙摇头，低着头轻轻地说：“我在广场上等您4个小时，不是为了这个。”我越发诧异了，因为小家伙告诉我他喜欢我的车。小家伙挺有眼光的，竟然能在几百辆车中看中我的保时捷。“那么我带你去兜风怎么样？”我突然心血来潮。比尔边兴奋地往车里钻边问我：“真的吗，汤姆先生？”我想，有钱给予别人一点幸福真的很容易啊。发动引擎时比尔又说话了：“您能把我送到家吗？就三英里不到的路程。”这个狡猾的比尔，他是想在同伴和家人面前炫耀吧？

15分钟后，我顺着比尔的指引把车停在了一栋破旧的楼房前。车刚刚停稳，他就跳下车，一边跑一边对我说：“请您务必等5分钟！”我见他飞奔着跑向破旧的楼房。不一会儿比尔就出来了，背上背了一个小女孩，他的神态和步伐就像这辆豪华的轿车是他的一样骄傲、神气。他背上的女孩的手臂和腿都可怕地萎缩了。我似乎明白了点什么，慌忙为他们打开车门。比尔把小女孩放在车座上后告诉我：“其实她是我的姐姐，今年17岁，患了小儿麻痹症。”然后我听见比尔对他姐姐说：“记得上次我跟你提起的那种车吗？瞧，就是这种。弟弟有钱了一定买给你。”比尔的姐姐发出孩童般天真的笑声，我看见比尔双手叉腰，眼睛闪闪发光。原来他为我擦车，在太阳下等我4个小时又要我送他回家的理由，就是让他姐姐亲眼见识一下他将来要送给她的礼物的样子。比尔不问我车的价钱，也许他真不知道保时捷是富贵的象征，也许他自信将来会有这么大的能耐呢。是的，他那种因为可能给予别人，而且因为能付出而满足的样子深深地感染了我！

后来我又鬼使神差地去了比尔的家，他的家比我想象的更为糟糕。姐弟俩和母亲相依为命，母亲在一家工厂做清洁工。比尔除了照顾姐姐外，每天还要去镇上的老人院做5个小时的护理工作，他刚刚16岁。

离开的时候我再次把100美元放在比尔残疾的姐姐手上，可比尔还是硬塞给了我:“我们自己行。”我停下脚步仔细打量他:这是一个会有出息的小伙子,我保证。我跟超市的人事经理打电话,告诉他明天将有个很棒的小伙子到理货部报到。这次比尔没有拒绝,我比他自己更清楚他能胜任这项工作，况且会给他带来比原来工作高3倍的报酬。有本书上这样说:“富有爱心和奉献精神的人,永远值得你和他交朋友。”

等我3个月后再去莫里菲斯镇的超市时，差不多每个员工都向我提起比尔。理货部的威廉说他能吃苦耐劳活儿也干得漂亮;广告部的林达说比尔不时会有很奇妙的语言;服装部则称赞比尔理的货比任何人都整齐而有条理;甚至化妆部的人都说比尔永远有一张自信乐观的脸庞。

我给比尔提了职加了薪,谁都知道这是他应该得的。比尔没有感激我,只是兴奋地告诉我他姐姐的手已经灵活了些,他说他一看见我的车就觉得离梦想近了一步。这真的是一个与众不同的员工:贫穷却自信乐观,即使在最阴暗的角落走路,也能时时发现阳光的温暖和灿烂。

他会成功的,是的,我深信。

面朝大海，春暖花开

几十年前，海子面朝大海，在铿锵铁轨声中为自己的生命画上了一句号，不算十分完美，也许，那天正是春暖花开。

而今季节变换得令人心酸，青春的理想似蜗牛在晨暮清露中蜿蜿蜒蜒。心中明明另藏一片净土，却教蛮横的现实气息蹂躏得只剩宋词般的哀叹。从寒暄到偶然的心有灵犀，谁也不明白高山能有多高流水能有多深，只是半掩一下面，让另一边脸暂时拥有新鲜的光辉。只是，两地又似银河弱水，蝴蝶是飞不过沧海的。尽管怀有多少希冀，却也在成熟间被斩截得七零八落；胸中欲吐纳多少思想，待到启齿时却又被生生吞了回去。

水之一方，没有昨天、今天、明天；海之一涯，没有前世、今生、来生。我愿掬起时间的潮沙，埋葬多年前许下的宏愿。此刻，我在时光的隧道里打滑，一不留神却摔向了无边无际的太空。是的，那是红色袈裟里最完美的角落，也是旧世佚史里最犀利的熏香。它让一切喧嚣安静，也让一切烦躁在空间里冷冻。所思，所忆，在刹那间全部盛开又全部凋落。

生命拥有如往昔，但谁也不愿意就此磕磕绊绊，平平安安就在

生活外流亡,年轻的心,应该及时抓住它的衣裳,把它揪进自己的门里,杜绝一切繁华红尘如烟往事。

江湖萧条,社会变迁,挣扎的痕迹上伤痕累累。我并没有摒弃奋斗,就像飞鸟俯冲过却丝毫没有痕迹。感受你手的温度,我愿意用竹竿将我们的船驶离枯藤败叶。前途茫茫,水雾天边总会有云蒸霞蔚的超然美景。就贡来一杯金樽,泪水在杯里跌宕起伏,青春的脉搏在我们回头望时总会跳动激烈。清晨,就披一身轻衣,凌波度月般漫步青苗,溅起一身轻泥,飞过秋千去。

不必哭泣,世间没有不老的红颜。谁能够保证心不变,看得清沧海桑田?我们走在不同的田埂间,又在同一个地点邂逅。皱纹是蚕食青春的蠕虫,在你还没有清醒时,却已有了像你年龄一样的道行。我们寄托,我们呐喊,都只有一个期限,那就是一生。前面就是浩瀚大海,已经春暖花开,让疲惫的脚丫在沙滩上轻抚而过,留下春天的足迹。

生命的脚步踏着时光的脊背走完了一年又一年,季节的风送来了一个又一个美好的祝愿,经过的每一个日子,你是否都用热情的目光点燃?一程又一程,注定了要磕磕绊绊,不灭的是你心中青春的火焰。面对大海,春暖花开,需要以清醒的头脑沉淀躁动,以厚道的心地稳住偏激,以沉稳的步履踏破沉醉。春天里不要做秋天的梦,硕果的培育注定需要艰难的劳作。面朝大海,春暖花开,从明天起,做一个幸福的人……

阳　光

2002年9月，为了家中那些常来常往的“叔叔”，我跟父亲大吵了一架。我知道，我不应该不尊重父亲的做人方式，但生性叛逆的我，忍受不了“叔叔”们的虚伪和势利。

自我懂事以来，家里一直起起落落，不曾安宁过。当家境贫困时，只有一家人互相安慰，互相鼓励；当家境日益富裕时，那些平时难得一见的“亲人”们马上开始对你嘘寒问暖，极尽所能地拍马屁。而善良的父母，对于他们所说的困难，总是竭尽所能地给予帮助。事实上，他们吃喝玩乐的花样，足以令生活俭朴惯了的我们一家子眼花缭乱。所以我不相信世间会有无缘无故的关怀，不相信世间会有不讲原因就热心帮助别人的人——除了我那对傻父母。

2003年5月，母亲病了，需要立即动手术。刚开始，亲朋们三天两头地到医院探望，而当他们得知父亲生意遇上挫折、母亲手术费用奇高的时候，他们一个接一个地、慢慢地从我们的眼前消失了。

倔强的我，卖了家中所有可以卖的东西，交齐了母亲所需的手术费用。我宁愿打碎牙齿和着血一起吞，也不肯去向那些人开口。因为我知道，就算抛却了所有的尊严去向他们开了口，得到的也无非

是直截了当或吞吞吐吐的拒绝。

验血、心电图、CT……繁杂而累人的检查过后，两位主刀的医生定了下来，一位是即将退休的主任，一位是声望极高的主治医师。

一天，我打了开水回来，隔壁病房的一位老病号忽然神秘地问我："你们包了多少红包给医生？""红包？"老病号的话提醒了我，对啊，我简直把这事给忘得一干二净，忘了现实社会中这是一个例行的程序!何况，要请动主任来主刀太不容易，自然不能马虎。

套用时下的一句话："有多大的权就有多厚的钱。"一番推辞后，主任和主治医师最终收下了红包。看着他们的背影，我无奈地叹了口气。他们和我那些"叔叔"们真是一丘之貉啊!不过也好，红包收了，他们就会尽心尽力地给母亲动手术了。

因为母亲身体瘦弱，手术进行了6小时。当白发苍苍的老主任一脸疲惫地走出手术室时，我冷笑着心想，钱真好。同样一脸疲惫的主治医师做完手术后又守候了母亲一夜，第二天早晨，当他微笑着告诉我"你母亲没事了，让她好好休息吧"的时候，我又在心里发出了一声冷笑。

手术非常成功。看着母亲醒来，我满心欣慰。我对母亲说："妈，您以前总对我说，世间的人不是每个人都像你想象的那么坏的，现在怎样呢？您看到钱的作用了吧？这个社会，就是这样现实……"

一个月的时间过去了，母亲在主任和主治医师的精心医治和照料下渐渐康复。那天，我刚替母亲办妥了出院手续，主任就找到了父亲，把我给他和主治医师的两个红包原封不动地交到了父亲手里。他对父亲说："平常百姓家，生活并不富裕，但如果那天我们不拿这钱，你们家属会认为我们不尽心。今天，是物归原主的时候了。"

父亲将主任的话转述给我听的时候，我呆住了。

我想起了妈妈的话:“世间的人不是每个人都像你想象的那么坏的……”

我终于明白,也终于相信,人间有爱。是的,生活或许有些残酷,现实也常常让人不得不低头,但只要心中有爱,我们的心灵就永远会有阳光照耀。

精神明亮的人

19世纪的一个黎明，在巴黎乡下一栋亮灯的木屋，居斯塔夫·福楼拜在给亲密的女友写信："我拼命工作，天天洗澡，不接待来访，不看报纸，按时看日出(像现在这样)。我工作到深夜，窗户敞开，不穿外衣，在寂静的书房里……"

"按时看日出"，我被这句话猝然绊倒了。

一位以"面壁写作"为誓志的世界文豪，一个如此吝惜时间的人，却每天惦记着"日出"，把再寻常不过的晨曦之降视若一件盛事，当做一门必修课来迎对……为什么？

它像一盆水泼醒了我，浑身打个激灵。

我竭力去想象、去模拟那情景，并久久地揣摩、体味着它——

陪伴你的，有刚刚苏醒的树木，略含咸味的风，玻璃般的草叶，潮湿的土腥味，清脆的雀啾，充满果汁的空气……还有远处闪耀的河带，岸边的薄雾，怒放的凌霄，绛紫或淡蓝的牵牛花，隐隐颤栗的棘条，月挂树梢的氤氲，那蛋壳般薄薄的静……

从词的意义上说，黑夜意味着"偃息"和"孕育"；日出，则象征着一种"诞生"，一种"升矗"和"伊始"，乃富有动感、汁液和青春性的一个词。它意味着你的生命画册上又添了新的页码，你的体能电池又充满了新的热力。

正像分娩不重复，日出也从不重复。它拒绝抄袭和雷同，因为它是艺术，是大自然最重视的一幅杰作。

黎明，拥有一天中最纯澈、最鲜泽、最让人激动的光线，那是生命最易受鼓舞、最能添置信心和热望的时刻，也是最能让人青春荡漾、幻念勃发的时刻。像含有神性的水晶球，它唤醒了我们对生命的原始印象，唤醒体内某种沉睡的细胞，使我们看到远方的事物，看清了险些忘却的东西，看清了梦想、光明、生机和道路……

迎接晨曦，不仅仅是感官愉悦，更是精神体验；不仅仅是人对自然的欣赏，更是大自然以其神奇力量作用于生命的一轮撞击。它意味着一场相遇，让我们有机会和生命完成一次对视，有机会认真地打量自己，获得对个体更细腻、清新的感觉。它意味着一次洗礼，一次被照耀和沐浴的仪式，赋予生命以新的索引，新的知觉，新的闪念、启示与发现……

“按时看日出”，是生命健康与积极向上的一个标志，更是精神明亮的标志！它不仅仅代表了一记生存姿态，更昭示着一种热爱生活的理念，一种生命哲学和精神美学。

透过那橘色晨曦，我触摸到了一幅优美剪影：一个人在给自己的生命举行升旗！

在人群中疗伤

我们是人,我们又总在抱怨人的吝啬,人的狡诈,以及人的无情。一位朋友对我说:“今天我给了一个乞丐5元钱,可是我立即又后悔了,因为我怀疑他是假装的,职业骗子现在到处都是。”

是的,跻身或为了跻身于社会主流的中、青年,打拼之余,内心最常感叹的一句话也许就是“物欲横流,谁能超然物外”吧。

那么我们又该作何评判呢?人们各自忠实于各自时代的游戏规则,因此没有一方是可以受到指责的。只是时代已经在不知不觉中发生巨变,甚至可说脱胎换骨了。就像我小时看过的动画片里孙大圣常说的“变、变、变”——连节奏也像。太快了,快得令我这个20世纪80年代末出生的人也有点措手不及,有点焦虑了。人要想跟上吗?也要——变、变、变。

变吧。外观上,你把自己变成一只火烈鸟也行;居住上,你把你家变成宫殿也行;行走上,出门打车,把自己变成无腿之人也行;甚至说话,你把自己变成港台明星,一口“鸟语”,遇到家乡来人你只好失语,也行。

也许你要很伤感地说:“这年头,有什么是不变的呢?没有养在深闺人不识的东西了。连悠远的民俗，古旧的建筑，为了招徕观众，都可以不怕得罪头上的神明，不加尊重，不惜改头换面了，还有什么呢？”

这一点，我无法驳倒你，我甚至同意你的观点。可是还是不要完全绝望吧。时代的潮流里，躯壳“如不动”几乎是不可能的。时光一秒一秒前移，它都不停，我们怎么停得下来。还是走吧，作为人，走，或者说，永远的“在路上”，这是宿命。你从母腹哭泣着来投奔此世时，就已别无选择。

何况，在路上，我们还是能看到总有些什么是不变的。这么久的历史了，据说人类还刚进入中年。这个“中年人”，他很沧桑，但他还很有活力；他变化万千，但他也永远有他的坚守——像长夜坚守一点爝火，像饥肠辘辘者坚守一分薄田不肯出让，因为他相信来年的，后年的，以及更长久的收获。

不信吗？讲一个真实故事吧。一位当兵的朋友，有一年随部队去了某座大山深处施工。贫瘠是这里的流行病，也是一种难以治愈的顽疾。朋友的房东家两个十来岁正长身体的孩子，从来就不知道“饱”是什么味道。部队条件总是好一些，朋友就每天带些饭菜给男孩女孩吃。如此坚持了整整两年。直到有一天，上级通知要开拔了，女房东带着两个孩子送他，哭着说：“娃啊，你叔走了，你们咋办呵？”

这是令人心酸的一幕。它使我们诅咒贫穷，但其中也有温馨在啊。一饭一蔬，多简单，然而成了两个娃生命的养分，也许还是日后记忆的养分。这一回，他们之间的纽带并不是亲情，是什么呢？朋友说，是“不忍”。

不忍。我应该铭记这两个字。这是人才会有的平凡而高贵的举止。动物也抚育、喂养它们的儿女，但对陌生的同类就没有这样的好事了；这是人才有的悲悯、慈养的心怀，有两个馍必定分一个给身旁的同饥者，有三尺卧榻必定分一尺半给身旁的渴睡者，并不因为他是亲人你才这样。只是因为你们有同样的结构，同样的感官，同样的体会。你们都是人。

也许照旧地与邻为壑，但当邻人有难时，请一定跨过那三尺鸿沟；也许照旧地遭遇骗局，你感叹人心不古，但当需要时，请不要忘记古道热肠依然是人内心深处顶礼膜拜的。孤独带来的疲累，要在与人的交流中缓解；人群给你制造了伤，要由人来疗治。除此之外，我不知道还有另一剂良方。

快乐的期待

最明亮的欢乐火焰大概都是由意外的火花点燃的。人生道路上不时散发出芳香的花朵，也是从偶然落下的种子自然生长起来的。

设计一场欢乐是很难如愿的。如把一些有聪明才智的人士和妙趣横生的幽默家，从遥远的地方邀请来会聚一堂，他们一到便会接受赞赏者的欢呼与喝彩。然而他们面面相觑，沉默吧，心中有愧，说话吧，又有点顾虑，人人都觉得不大自在，终于愤恨起给自己施加痛苦的人了，乃决意对这种毫无价值的欢乐聚会表示冷漠态度。酒，可以燃起人的仇恨，也可以把阴郁变成暴躁，直到最后大家都弄得不欢而散为止。他们退到一个较为隐蔽的地方去发泄自己的愤慨，但谁知又在那儿被人们注意地听见了，于是他们的重要性又得以恢复，他们的性情也变好了，便用诙谐的言行，使整个夜晚充满喜悦。

快乐总是一种瞬时印象产生的结果。最活跃的想象，有时在忧郁的冷淡影响下，也将会变得呆钝；但在某些特殊场合，又需要诱发心情突破原来的境界，驰骋放纵。这时就用不着什么非凡的巧妙言

辞，只消凭借机遇就行了。因此，才智和勇气必定满意地与机遇共享荣誉。

其他种种快乐同样也是不可确知的。心境不佳的补救方法一般就是变换环境。差不多每个人都经历过旅行的快乐，就是这种快乐使期待得到满足，从理论上说做到这一点，对旅行的人来说是没有什么困难的。阴影和阳光由他任意支配，他无论歇于何处，都会遇上丰盛的餐桌和快乐的容颜。在出发日期到来以前，他便一直沉溺于这些向往之中。然后他雇了四轮旅行马车，开始朝着幸福的境界前进。

才走几里路，他就得到教训，知道行前是想象得太美了。路上风尘仆仆，天气十分闷热，马跑得慢，赶车的又粗暴野蛮。他多么渴望午餐时刻的到来，以便吃饱了休息。但旅店拥挤不堪，他的吩咐也无人理睬。他只好将令人倒胃口的饭菜狼吞虎咽地吃了下去，然后上车继续赶路，另寻快乐。到了夜晚，他找到一间较为宽敞的住所，但是总是比他预期的要坏。

最后他踏上故乡的土地，决意走访故旧谈心消遣，或以回忆青梅竹马的情景为乐事。于是他在一个朋友家门口停下来，打算以出人意料的拜访来得到乐趣。可惜，他要不是自报家门，主人就不认识他了。经过一番解释，主人才记起他来。他自然只能受到冷淡的接待和礼节上的宴请，于是他不得不匆匆告辞，另访一位友人。不料那位朋友又因事外出，远走他方，眼见房屋空空，只好怅然离去。这种意料不到的失望真叫人懊恼不已，原因在于未能预见到。后来他又走访了一家，那家人因不幸的事个个愁容满面，甚至都把他视为讨厌的不速之客，好像认为他不是来拜访，而是来奚落他们的。

找到预期要找的人或地方很不容易。凭借幻想和希望绘出美好画景的人，将得不到什么快乐；希望作机智谈话的人，总想知道他的声誉应归功于什么私见。希望虽然常受欺骗，但却非常必要，因为希望本身就是幸福，尽管它常遭挫折，但这种挫折毕竟不比希望破灭那样可怕。

清炒人生

婵是我曾经认识的一个女子,那时,我把她当成人生的偶像,崇拜且奋力地追赶着,我甚至想,像婵这样优越的女子,人生中当是没有任何遗憾和缺陷了吧?因为,还有谁,能够有婵这样的聪慧?她的正职,是一所艺术学院的油画老师,但她的光环,更多地来自工作以外。她有自己的工作室,又开有一家规模很小却生意兴隆的公司,每年还会在全国各地举办一次大型画展,算得上画界的佼佼者。她的丈夫,正在国外读生物学的博士,回来即是炙手可热的人才。他们的儿子,在这个城市最好的学校读书,秉承了父母的才思,成绩总是最好的。那时的婵,不过30出头,上天却将所有的幸福都给了她,甚至让外人连嫉妒的勇气也没有。

这之后的一年,我都生活在一种向婵看齐的焦虑和失衡中。我像一头烦躁焦急的小兽,左冲右突,在通往美好生活的路途中,对每一朵有可能采摘到的花儿,都要跑过去啃一番。但走了不过半程,便精疲力竭,回头,只看见一路混乱的印痕,我想要追求的东西,在这样焦躁的狂奔里,反而被我一一落下。婵精致绚丽的生活方式,依然离我那么远。

有一天，朋友告诉我，婵得了癌症，离开了人世。而自始至终，她的丈夫都没有来看望过她，只因为，他已经留在了国外，且有了新的爱人。离开她的原因，不过是他厌倦了婵如此追求完美、向往高品质的生活态度，他不想在她繁复的一个又一个的目标里，连那点享受安闲的自由，也给丢掉了。

我花了很长时间，才从婵的影子中走出来。我一直无法释怀，婵耀眼光环的背后，怎么会有这样残酷的一个黑洞，将她一点一点地吸纳进去？是不是所有优秀的女子背后，都有一份难言的痛？就像婵，她用自己卖画的钱，买了两套豪华的居室，可是最终，她还是失去了温暖的爱，甚至因为长期的劳累，连后半生的自己，也给消耗掉了。她所得到的一切，与付出相比，竟是如此的渺小。我就是从这时，开始放慢生活的脚步，学会享受每日的安闲。

没有人替你埋单

有朋友从美国回来。

大概有 10 多年，他没有吃过正宗的家乡菜。于是找饭店为他接风，相谈甚洽，宾主尽兴。但是到了结账的时候，闹得却有些不愉快。

他拿出了钱，非要 AA 制，当着他妻子和孩子的面。我感觉他是给了我一个狠狠的耳光，当然无论如何也不能接受。

但是一向随和的他却执意要如此。回宾馆的路上，我很是不悦。他问我："是不是觉得我 AA 制，是没有给你面子。"

因为关系实在太好，没什么可以隐瞒的，我点了点头。

他说，那我讲个故事给你听。

有两个在康斯威星一所中学里上学的孩子出去爬山，一个中国孩子，一个美国孩子。他们选择的山比较危险，因为风化，时常有岩石坍塌。

这两个孩子很不幸地在要下山的时候遇到了坍塌。结果，两个孩子分别被困在了巨大的岩石与碎石的两边，那个美国孩子被碎石砸伤了左腿，一动就疼彻心肺，他判断，自己是骨折了。

天气很快就要黑了下来，黑暗像个巨兽一样要吞噬掉整个世界。如果到了夜里，寒冷和饥饿，也许会让他们眩晕，甚至夺去他们的生命。

于是，那个美国孩子开始尝试着，用手支撑着自己的身体，慢慢地向岩石堆上爬去，他受伤的腿上的血迹染红了整个岩石。快要爬上最大的那块岩石的时候，他的伤腿碰到了岩石的棱角，剧痛让他无法双手继续用力抓住岩石，他重新掉落下来，在岩石上滚来滚去，像个皮球一样。

伤上加伤的美国孩子几乎绝望了，躺在岩石堆里，大口大口地喘气。但是十几分钟后，他因为寒冷而开始感觉到麻木的身体提醒他，必须要出去，必须。

这一次，这个美国孩子取得了成功，他爬上了岩石，但是岩石距离地面还有两三米的高度，这个孩子的腿无法让他平稳落地，他干脆闭上眼睛，选择了全身滚落下去。

没有人能想象，这个孩子是如何坚持爬回小镇的。他向别人冷静地讲述了自己遇到危险的地点、时间，而且说有一个中国孩子很可能还在那里。

经过检查，这个美国孩子左腿胫骨骨折，在滚落岩石的时候，肋骨受到撞击，也折断了两根，身上碰撞出来的伤口和淤青不计其数。

大人们把他送到了医院，然后去救援那个中国孩子。那个中国孩子被找到的时候，寒冷和恐惧已经让他奄奄一息，再晚来一会儿，很可能就会失去生命。

朋友说到这里，我忽然发现他的孩子已经羞得满面通红。突然，孩子像是下定了什么决心，对我说："叔叔，那个中国孩子就是我。"

"那个美国孩子为什么比他坚强，你知道吗？"朋友忽然问我。

我摇摇头。朋友说："其实说起来，原因简单得让人无法置信，只因为美国人从孩子很小的时候，出去吃饭都是 AA 制。他们每个人都会告诉孩子一个必须 AA 制的理由，那就是无论什么事情，人生里没有人替你埋买，就算你的父母，挚爱，也不会。”所以这个美国孩子知道，要活下去必须靠自己，无论有多么危险。而中国孩子则受到过太多的帮助，遇到危险，哪怕是不行动就会丧失生命，他也习惯性地等待着别人的救助。

“没有人替你埋买”，这么简单的一句话，这么 AA 制吃饭的一件小事，就塑造了美国人现在独立拼搏的特性，我忽然想回去把这个故事告诉我的孩子听。我要告诉他，虽然有些时候，钱不是问题，帮助他也不是问题，但是没有人会替他埋买!

我希望，更多的人能够告诉更多的孩子，没有人会替他埋买这个道理。

带刺的巢穴

非洲红脸猴在夜晚睡觉的时候，总愿意躲藏在长满尖刺的灌木丛里。红脸猴的天敌都是很怕刺扎的，这种特殊的灌木丛，枝条上长满了又尖又硬的树刺，睡在里面相对安全了许多。为此，许多人都为红脸猴的聪明叫绝，认为红脸猴是动物中最会利用自然条件的防御高手。

只有一直在非洲跟踪红脸猴的专家才知道，红脸猴的这一聪明做法，既防御了敌人，又伤害了自己。因为非洲丛林里的灌木，枝杈上的刺又尖又硬，狮子和野狗等猛兽固然很怕被扎伤，但躲在里面睡觉的红脸猴一不小心，同样会被这些尖刺扎伤。实际情况是，伤到自己的概率竟然大于保护自己的概率。

更危险的是，一旦饥饿中的狮子或野狗不管不顾，形成围剿，堵住灌木丛的出口，红脸猴的这一保护性选择，立刻就会成为自己的陷阱，必死无疑。

从另一个角度讲，非洲红脸猴只认识了事物的一面，而没有认识到事物的另一面：带刺的灌木丛对自己同样是一种危害。

加拿大山地秃鹰为了使自己的后代不被敌人侵犯，巢穴是用一

种带刺的又尖又硬的荆棘修筑的。为了找到这种又尖又硬的荆棘，加拿大秃鹰会飞行 100 多公里，专门找那些带有尖刺的荆棘来搭建自己的窝巢。

从表面上看，加拿大秃鹰的巢穴，就像一个长满了尖刺的绣球，无论是什么样的天敌，对这样的巢穴都会望而却步，无人敢来侵犯，因此秃鹰的幼崽不会被天敌吃掉的。为了使后代住得安逸，加拿大秃鹰会在窝里铺上软草、棉花和羽毛，以防止幼崽被尖刺扎伤。

只是，加拿大秃鹰的巢穴是建筑在海边的岩石上的，巢穴在又高又陡的崖壁上，七八级以上的海风隔三差五就会光顾一次。每次大风降临，秃鹰巢穴里的软草、棉花、羽毛，十有八九会被大风吹掉，幼崽只能躺在光秃秃的硬刺上，3 只中会有两只被硬刺刺伤，甚至丧命。因此，加拿大秃鹰的幼崽成活率一直不高。带刺的巢穴不但防范了敌人，也伤害了自己。

加拿大秃鹰却始终不能明白这一点，它们已经习惯了如此建造巢穴，一年又一年，多少年来，它们都是以如此的牺牲来换得所谓的安宁的。

紫斑鱼是海洋动物里最为漂亮的一种鱼，它的浑身布满了五光十色的颜色，阳光一照，闪闪发光。如此美丽的紫斑鱼，全身却长满了针状的尖刺，大小类似酸枣刺，又尖又硬，刺上带有一种毒素，这是紫斑鱼用来攻击其他鱼类的武器。不管什么样的海底动物，一旦被紫斑鱼的尖刺刺中，则无一生还。紫斑鱼是海底世界中浑身长满尖刺的动物代表，且毒性极大。

紫斑鱼在每次攻击其他鱼类时，都要先愤怒起来，以分泌出有效的毒素，也只有愤怒，才能使它身上的毒刺坚硬起来。因此，紫斑鱼的情绪越激烈，身体上的尖刺也就越坚硬，而越坚硬，它就会越愤怒。而愤怒的情绪总是先要伤害到自己。所以越愤怒，紫斑鱼也就越被自己所伤害。

因此，紫斑鱼大都寿命短暂，一条紫斑鱼在通常情况下能活七八年，而实际上的紫斑鱼还活不到两年。紫斑鱼是死于自己的愤怒，死于自己的“内伤”。

世界上还有许多这样的动物，他们无论是防范，还是进攻，总是先要利用自己的负面情绪才能达到攻击的目的，而负面的情绪总是对自己不利的，也就是说，紫斑鱼总是在以牺牲自己为代价。这正像世界上的一些普遍道理：你在伤害别人的时候，必然先要伤害到你自己。这种颠扑不破的真理，适用于非洲红脸猴，适用于加拿大秃鹰，适用于海底的紫斑鱼，也适用于自然界中的任何一种生灵，当然也包括我们人类自己。

心灵的方向

在上次交流会上，莫特坦白地说道："我觉得我像是陷入了过去与未来的束缚中。"然后他从口袋里掏出钱包，将商用笔记本递给我。上面写满了电话号码、传真，还有一些电子邮箱和网址。"我曾经在石油领域上取得了巨大成功，"他解释道，"我曾拥有足够的资金、名望和权力，但是我渐渐地对这一切感到厌烦，所以我退出了。我竭力地远离它，只想寻找一处心灵的宁静之地。"

"在一段时期内，我什么都没做，我想去追寻我的梦想，可我又有所恐惧。我害怕自己不能挣足够的钱来供给我的家人，这正是我当初选择经商石油作为工作的原因。"莫特继续说道，"我的钱用完了，我陷入了恐慌之中，我像是一个高空秋千表演者在空中来回荡去却始终找不到安全落地点。一周前，我的一位商业上的朋友打算给我提供一份工作，可是我不想回去，但是我不知道怎样处理那一堆账单。"

我试着问道："如果你不用担心钱，那你会做些什么呢？"莫特的脸稍微舒展开来："我会研究整体愈合（精神与身体上的创伤愈合），我会去旅行，我会花很多的时间在大自然中静坐，冥想与沉思。我会去帮助别人脱离痛苦。""你是否相信如果你以真实的心灵袒露于宇宙的时候,宇宙会为你提供生命的给养。"我继续问他。

莫特想了一会儿，我能感觉得到他的心灵正游于思索的领地。然后,他略显迷惑地答道:"我不知道,我还不能确定。""总有一天,你会找到答案的。"我笑了笑,真诚地说道。

几个星期后,我接到了莫特的电话。他笑着说:"艾伦,你怎么也不会想到发生了什么!在交流会后,我去看望我的父亲,我们进行了愉快的交谈。父亲了解我的处境后,他没有责备我,只是去房间里拿了一张支票给我,我十分惊讶,因为那足够我一年的开销。"莫特受到了他父亲的极大鼓舞,他终于鼓起勇气踏上了他一直向往的梦想之旅。他进行了瑜伽修行导师培训,并拿到了催眠疗法师证书,后来他还去了尼泊尔的一所修道院修行了一段时间。最后,莫特成了一名整体愈合师，他为许多人解除了心灵的迷惑和身体上的疾病,他因高超的愈合法与博大的胸襟受到了大家的敬重。再一次看他时,他十分快乐,完全没有了先前在生活中挣扎的影子。"正如你说的那样,我想我找到了答案,我本不必为生活而担心。"英特感激地说。我给了他一个拥抱,我知道他不会再为生活的窘迫而担心了。我为他找到了人生的方向而开心。

人生本不该有太多的忧虑与恐惧,只要你依循心灵的方向,以灵魂的真实行于人生之路,你的父亲,你的母亲,所有爱你的人,所有被你灵魂感动的人都会给予你生命的能源与力量。这便是你的生命宇宙。你应该相信,宇宙中总会有一扇神奇之门为你的真诚而敞开。

心灵的方向才是人生最好的方向。因为,当一个人的灵魂与宇宙坦诚相对，宇宙必会给予你的生命无穷的力量——物质上的富足,精神上恒久的快乐与幸福。

真正的死亡

作为一个画家，他已经算是相当成功的了。画展开到了国外，画也一幅幅地卖了出去，经纪人对他也十分看好，可他还嫌自己不够成功。他还不是最有名的画家，画的价格也不是卖得最高的，离他的目标还远着呢。他的目标是成为当今最有名的画家，每一幅画都能卖到最好的价钱。

那天，他对经纪人说了他的意思，问经纪人靠炒作能不能扩大名气。经纪人告诉他说，画家不是影视明星，一般不能靠炒作扩大名气，但也有办法扩大名气。他听了一喜，连忙问有什么办法。经纪人说可以靠假死来提高名气，提高画的价值。这倒是一个可行的办法。画坛就是生不如死。死去的画家，一个个名气都大了，画也值钱了。想想，一个画家都死了，他的画也就不会再增加，那画不增值才怪。对于这个办法，他同意了。

于是，他和经纪人外出旅游，然后他一个人留在了深山里，经纪人回来后告诉他的家人他死了。这是他们俩的秘密，他的家人谁都不知道。家人闻此不幸，伤心不已。不久，他不幸遇难的消息就传开了。一时间，他的画洛阳纸贵，许多人争相购买收藏。经纪人和他的家人因为他的画增值而成为富人。

他呢，在深山里，一个人孤独地生活着，又不能画画，没有一点乐趣。时间一天天过去，他再也忍受不了这样的生活。他想既然别人都认为他死了，名气都大了，画也值钱了，何不悄悄地回去。

于是，他回去了。家人见到他，大吃一惊，问起来，得知原因，便对他说，你不能生活在家里，你也不能再画画了。你在家里，时间久了就会让人发觉，到时候，说我们骗人，你不但名声扫地，而且画也会一文不值。你也不能画画，你一画，画多了，人家就会怀疑，最终会引来麻烦。

家人不要他在家里，不愿意认他，他无比伤心，可又不得不离家出走。深山，他是不想回去的，一个人独处生活，简直生不如死。他只能在城里低头走路，低头做人，见了熟人赶紧躲开。

有一天，他再也忍不住了，就跑到电视台去了。那天，电视台为他录了像，晚上就放了出来。一夜之间，所有的人都知道了他的假死。所有的人都骂他。

从此之后，他的画不值钱了，他的名声也臭了，但是他却又可以再画画了，又可以再面对世人了，因此他也活得快乐。

后来，有人问起他主动站出来现在后悔不后悔。他说，我一点都不后悔。作为一个画家，我可以名声不好，可以画不值钱，但是却不能不画画。不画画，对于一个画家来说，才是真正的死亡。他的话，让人恍然大悟，也明白他为什么能勇敢地站出来了。

一个人，只能活在他的事业里。如果他不能做自己所爱的事，不能因所爱的事而活得快乐，他就已经死亡。

谁愿意做莫扎特

电影《莫扎特传》里，莫扎特死得非常凄惨，连棺木都没有，尸体扔在公共墓地的大坑里。镜头所见：有人铲起白色粉末，撒在尸体上。那些白色粉末，可能是消毒用的石灰。

电影院里，此时，啜泣之声此起彼伏。如果选择，谁愿意做莫扎特？没有人愿意。35 岁就离开世界，死无葬身之地，太惨了。

或者，是因为电影遗落了另一组镜头：离地 10 米的高空上，此刻，莫扎特指着下面悲泣的人哈哈大笑。因为，哭泣的人不知道，这一切全不是真的。物质是不真实的，生命不是那一具丢在坑里的尸体，生命是在另外的地方。只有心里才是真实的。所以那在上面大笑的莫扎特，才是真的莫扎特。而下面这具尸体，明天他的家人再来，已经不能找到。

天才的生命短促。或者，是因为他们要赶往另一生命中投胎，把本领再次使用出来。

生命的空隙

很多的时候，我们需要给自己的生命留下一点空隙，就像两车之间的安全距离——一点缓冲的余地，可以随时调整自己，进退有据。

生活的空间，须借清理挪减而留出；心灵的空间，则经思考开悟而扩展。打桥牌时，我们手中所握有的这副牌不论好坏，都要把它打到淋漓尽致；人生亦然，重要的不是发生了什么事，而是我们处理它的方法和态度。假如我们转身面向阳光，就不可能陷身在阴影里。

当我们拿花送给别人时，首先闻到花香的是我们自己；当我们抓起泥巴想抛向别人时，首先弄脏的也是我们自己的手。一句温暖的话，就像往别人的身上洒香水，自己也会沾到两三滴。因此，要时时心存好意，脚走好路，身行好事。

光明使我们看见许多东西，也使我们看不见许多东西。假如没有黑夜，我们便看不到闪亮的星辰。因此，即使是曾经一度使我们难以承受的痛苦磨难，也不会是完全没有价值的。它可使我们的意志更坚定，思想、人格更成熟。因此，当困难与挫折到来，应平静地面对，乐观地处理。

不要在人是我非中彼此摩擦。有些话语称起来不重，但稍一不慎，便会重重地压到别人心上，同时，也要训练自己，不要轻易被别人的话扎伤。

你不能决定生命的长度，但你可以扩展它的宽度；你不能改变天生的容貌，但你可以时时展现笑容；你不能企望控制他人，但你可以好好掌握自己；你不能全然预知明天，但你可以充分利用今天；你不能要求事事顺利，但你可以做到事事尽心。

在生活中，一定要让自己豁达些，因为豁达的自己才不至于钻入牛角尖，也才能乐观进取。还要开朗些，因为开朗的自己才有可能把快乐带给别人，让生活中的气氛显得更加愉悦。

心里如要常常保持快乐，就必须不把人与人之间的琐事当成是非；有些人常常有烦恼，就是因为别人一句无心的话，他却有意地接受，并堆积在心中。

一个人快乐，不是因为他拥有得多，而是因为他计较得少。多是负担，是另一种失去；少非不足，是另一种有余；舍弃也不一定是失去，而是另一种更宽阔的拥有。

美好的生活应该是时时拥有一颗轻松自在的心，不管外在世界如何变化，自己都能有一片清静的天地。清静不在热闹繁杂中，更不在一颗所求太多的心中，放下挂碍、开阔心胸，心里自然清静无忧。

喜悦能让心灵保持明亮，并且充塞着一种确实而永恒的宁静。我们的心念意境，如能时常保持清明开朗，则展现于周遭的环境，都是美好而善良的。

从改变自己开始

1930年初秋的一天，东方刚刚破晓，一个只有1.45米高的矮个子青年从位于日本东京目黑区神田桥不远处的公园的长凳上爬了起来，他用公园里的免费自来水洗了洗脸，然后从容地从这个“家”徒步去上班。

在此之前，他因为拖欠了房东7个月的房租已经被迫在公园的长凳上睡了两个多月了。

他是一家保险公司的推销员，虽然每天都在勤奋地工作，但收入却少得可怜，为了省钱，他甚至不吃午餐、不搭电车。

一天，年轻人来到一家名叫村云别院的佛教寺庙。“请问有人在吗？”“哪一位啊？”“我是明治保险公司的推销员。”“请进来吧!”

听到“请”这个字，年轻人喜出望外，因为在此之前，对方一听到敲门的是推销保险的，十个人中有九个会让他吃闭门羹。有时，即使有人会让他进门，态度也相当冷淡，更不要说“请”了。

年轻人被带进庙内，与寺庙住持——吉田相对而坐。寒暄之后，他见住持无拒人之意，心中暗暗叫好，接下来便口若悬河、滔滔不绝地向这位老和尚介绍起投保的好处来。

老和尚一言不发，很有耐心地听他把话讲完，然后平静地说：“你的介绍，丝毫引不起我投保的意愿。”

年轻人愣住了，刚才还信心十足的他仿佛膨胀的气球突然被人扎了一针，一下子泄了气。

老和尚注视他良久，接着又说：“人与人之间，像这样相对而坐的时候，一定要具备一种强烈吸引对方的魅力，如果你做不到这一点，将来就没什么前途可言了。”年轻人哑口无言。老和尚又说了一句：“小伙子，先努力改变自己吧……”

从寺庙里出来，年轻人一路思索着老和尚的话，若有所悟。

接下来，他组织了专门针对自己的“批评会”，每月举行一次，每次请5个同事或投了保的客户吃饭，为此，他甚至不惜把衣物送去典当，目的只为让他们指出自己的缺点。

“你的个性太急躁了，常常沉不住气……你有些自以为是，往往听不进别人的意见，这样很容易招致大家的反感……你面对的是形形色色的人，你必须要有丰富的知识，你的常识不够丰富，所以必须加强进修，以便能很快与客户寻找到共同的话题，拉近彼此间的距离……”

年轻人把这些可贵的逆耳忠言一一记录下来，随时反省、勉励自己，努力扬长避短，发挥自己的潜能。

每一次“批评会”后，他都有被剥了一层皮的感觉。通过一次次的批评会，他把自己身上的缺点一点点儿剥落了下来。随着缺点的消除，他感觉到自己在逐渐进步、完善、成长、成熟。

与此同时，他总结出了含义不同的39种笑容，并一一列出各种笑容要表达的心情与意义，然后再对着镜子反复练习，直到镜中出现所需要的笑容为止。他甚至每个周日晚上都要跑到日本当时最著

名的高僧伊藤道海那儿去学习坐禅。

一次次“批评”、一次次坐禅使这个年轻人像一条成长的蚕，随着时光的流逝悄悄地蜕变着。到了1939年，他的销售业绩荣膺全日本之最，并从1948年起，连续15年保持全日本销量第一的好成绩。

1968年，他成为了美国百万圆桌会议的终身会员。

这个人就是被日本国民誉为“练出值百万美金笑容的小个子”，美国著名作家奥格·曼狄诺称之为“世界上最伟大的推销员”的推销大师——原一平。

“我们这一代的最伟大的发现是，人类可以经由改变自己而改变命运。”原一平用自己的行动印证了这句话。

有些时候，迫切需要改变的，或许不是环境，而是我们自己。

微笑是最祥和的语言

心灵若是堆满垃圾，心胸容易狭隘；心灵若是一尘不染，心胸则无限宽广。

微笑是最祥和的语言。

用爱面对每一天、每一个人、每一件事，心中就不会堆积烦恼，世间的纷争也会减少。

期待大地亮丽，资源不短缺，也必须从人心懂得珍惜开始。

媒体如同一把双刃的刀，可以导人为善，也会引人入偏差；可以美化人生，也可能扰乱人生。若能发挥使命感，尽好自己的本分，社会就能更祥和。

生命虽然很有价值，若不能好好运用，等于没有价值。

面对困难，要勇于接受挑战。借由人生的历练，锻炼出柔软如水、坚强如钢的精神。

生老病死是自然的法则，也是每个人必经的历程。透悟生命、明了生命的源头，就不会恐惧死亡。

能以爱心、耐心、平常心及智能来教育，则天下没有教不好的孩子。

有爱心的人愈多，累积的福就愈大，凝聚的力量就能无限发挥。

对于生命，谁都没有所有权。无常一来、呼吸一停，则万事皆休。

社会的希望在教育，一位好老师不仅传授学生知识，还要启发他们的良知、良能，发挥智能。

天地虽宽，只要用无限量的爱心去启发、引导，力量就会不间断。

别人站得远，我们就走近，距离便会缩小；别人若冷漠，我们待以热情，就会逐渐热化。唯有主动付出，才有丰盈的果实得以收获。

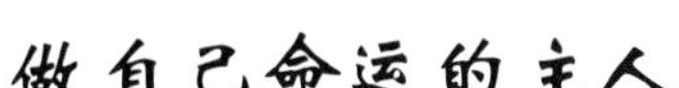

做自己命运的主人

你无法改变天气,却可以改变心情;你无法控制别人,但可以掌握自己。我们前进的道路是坎坷曲折的,但我们可以选择欣赏着路边盛开的野花快乐地前行。掌握自己的命运,在各种诱惑面前保持自己的本色,不要迷失了自己。不要只顾热衷于追求身外之物,最终也许你会如愿以偿,但却会像差役一样把最重要的一样给丢了,那就是自己。

许多人为了获取成功,虽积极改善自己的外在环境,却不能致力于完善自我,几经周折,他们的处境并没有改变。那些能主宰自我的人,却能达到胜利的彼岸,这是放之四海而皆准的道理。

一个屡遭失败的年轻人千里迢迢来到一个偏僻的小镇,慕名寻访一位备受尊敬的老人。当谈到命运时,年轻人问道:“这个世上到底有没有命运?”老人说:“当然有喽。”年轻人又问:“命运究竟是怎么回事?既然已经命中注定,那还要奋斗干什么?”老人没有直接回答他的问题,而是笑着抓起年轻人的左手:“不妨先看看手相,给你算算命。”他先给年轻人讲了一番生命线、爱情线,事业线等诸如此类的话后,又对年轻人说:“把手伸开,照我的样子做一个动作。”老人的动作是：举起左手，慢慢地、越来越紧地握紧拳头。老人问：“抓紧了没有？”年轻人有些迷惑，回答道：“抓紧了。”老人又问：“那命运线在哪里？”年轻人机械地回答：“在我的手里。”老人紧紧追问：“请问，命运在哪里？”年轻人才恍然大悟：“命运握在自己的手里。”

俗话说：条条大路通罗马。不管有多少条路，都得靠自己走，别人永远无法替代。而命运也只有靠自己把握，因为只有自己才是真正的主人。

古代有这样一个笑话：一个衙门的差役，奉命送一个犯了罪的和尚，临行前他怕自己忘了带东西，就编了个顺口溜：“包袱雨伞枷，文书和尚我。”在路上他一边走一边念叨这两句，总担心一不小心就会把东西丢了，回去交不了差，和尚看他傻乎乎的，就在中途吃饭时把他灌醉了，然后给他剃了个光头，把自己脖子上的枷锁套在他身上，自己便溜之大吉了。差役酒醒后，总感到少了点什么，可包袱、雨伞和文书都在，摸摸自己的脖子，枷锁也在，又摸摸自己的头是个光头，说明和尚也没丢，可他还是觉得少了点什么，于是念了一遍顺口溜，他大惊失色：“我哪儿去了，怎么没有我了？”

这虽是个笑话，但却让人深思。我们应该做自己的主人，去主宰自己的命运，千万不要把自己交付给别人。

让别人来做决定，让别人左右你的意志，自己就会变成傀儡，我们有权利决定生活中该做什么。其实，只有自己最了解自己，别人不会比自己更了解自身实力，只有自己的决定才是最好的。

情绪是一种自然的心理反应，但并不是每一种情绪都有益。很多人认为，让自己的情绪不加控制的表现，是性格率直的表现，认为这样的人没有城府，交往起来更让人放心，这是错误的认识。

在美国加州有一个小女孩，她的父亲买了一辆大卡车。她父亲非常喜欢那台卡车，总是为那台车做精心的保养，以保持卡车的美观。

一天，小女孩拿着硬物在她父亲的卡车上留下了很多的刮痕。她父亲盛怒之下用铁丝把小女孩的手绑起来，然后吊着小女孩的手，让她在车库前罚站。四个小时后，当父亲平静下来回到车库时，他看到女儿的手已经被铁丝绑得血液不通了。父亲把她送到急诊室时，手已经坏死，医生说不截去手的话是非常危险的，甚至可能会危及到小女孩的生命。小女孩就这样失去了她的一双手！但是她不懂，她不懂到底发生了什么。

父亲的愧疚可想而知。

大约半年后，小女孩父亲的卡车进厂重新烤漆，又像全新的一样了，当他把卡车开回家，小女孩看着完好如新的卡车，天真地说：

"爸爸,你的卡车好漂亮哟,看起来就像是新卡车。但是,你什么时候才把我的手还给我?"

不堪愧疚折磨的父亲终于崩溃,最后举枪自杀。

一场悲剧,只是因为父亲没能控制住自己的一次情绪。

当然,每个人都有情绪不好的时候,人也不可能永远做老好人,该发的火还是要发。比如,你在午休,可是一群小孩在你窗外的胡同里大喊大叫地踢球,你理会不理会?这不是以大欺小,这是正当的行为。虽然他们还很小,但他们的行为妨碍了别人的正当权益。在这种情况下,忍住不发脾气等于是在纵容别人做不该做的事。

在生活中,我们感觉周围的事物,形成我们的观念,做出我们的评价,以及相应的判断、决策等,无一不是通过我们的心理世界来进行的。只要是经由主观的心理世界来认识和体察事物,就不可避免地使我们对事物的认识和判断产生偏差,受到非理性因素的干扰和影响。

波格 9 岁时,就展示出了过人的运动天赋,他在网球方面的天赋很高,他的父亲绝对能将他训练成一名职业网球运动员。到了 12 岁,他常常击败全国的优秀成年球手,能与世界级职业网球手进行激烈的比赛。每个人都预言,总有一天,他可能会成为世界冠军。

但是波格是一个脾气火暴、冲动任性的人。他渴望赢得比赛的每一分,但如果事情不尽如人意,比如一次不应该的失误,或裁判判断出错,他就会勃然大怒,他会满嘴脏话,与裁判争吵,扔掉球拍。他不止一次用球拍猛击网柱,直到球拍碎裂。他无法控制自己激动的情绪,有时甚至还未开赛就抱怨不休,因此他开始输掉原本可以取胜的比赛。

一天,他父亲来观看他的比赛。比赛刚开始,波格又开始发脾气

了，大吼大叫、咒骂、扔球拍、冲观众吐口水。目睹到这些可憎的行为，波格的父亲忍无可忍。在比赛间隙，他父亲突然走进球场，向观众宣布："比赛到此为止。我儿子弃权。"说完来到儿子面前，夺过球拍，严厉地说："跟我走。"回到家后，父亲把波格的球拍锁进储藏室，语气坚定地对他说道："球拍要在储藏室存放6个月。在这6个月中你必须学会怎样控制你的情绪，你才能重拾球拍。"

波格惊呆了，要等6个月才能碰球拍，这对他来说无疑是一种煎熬。他开始向父亲大吼大叫，但是父亲没有理会他。刚开始的一段时间，波格仍然是每天发火，但是他发现发脾气也没有用，父亲仍然不将球拍还给他。慢慢地他感觉到了发脾气很累，而且根本无济于事。所以他发脾气的次数也越来越少，而且他渐渐认识到自己的错误，逐渐改掉了乱发脾气的习惯。

6个月到了，父亲从储藏室拿出球拍，递给儿子："今后，如果我听到你说一句咒骂的话，再看到你怒摔球拍，我就把它永远拿走。要么你控制情绪，要么我为你控制球拍。"

能再打球，波格欣喜若狂，他倾注了比从前更多的热情。随着一次又一次的重大比赛，波格的表现越来越好。媒体开始称之为"少年天使"，因为他是如此纯真，在赛场上，他的举止就像一个天使；要知道，在他的父亲禁止他打球的日子里，他学会了控制情绪，哪怕在重大锦标赛的决赛中，裁判糟糕地误判边线球，他也处之泰然；他非常善于控制情绪，连对手们都被他赛场上的风度震慑了。

从此，波格登上了一个网球运动员渴望达到的事业巅峰。他总共夺得了14个锦标赛冠军，其中包括6次法国网球公开赛冠军，5次温布尔登网球公开赛冠军。

有一个孩子无法控制自己的情绪，常常无缘无故地发脾气。一天；父亲给了他一大包钉子，让他每发一次脾气都用铁锤在他家后院的栅栏上钉一颗钉子。

第一天，小男孩共在栅栏上钉了 12 颗钉子。过了几个星期，小男孩渐渐学会了控制自己的愤怒，在栅栏上钉钉子的数目开始逐渐减少了。他发现控制自己的脾气比往栅栏上钉钉子要容易多了……最后，小男孩变得不爱发脾气了。

他把自己的转变告诉了父亲。他父亲又建议他说："如果你能坚持一整天不发脾气，就从栅栏上拔下一颗钉子。"经过一段时间，小男孩终于把栅栏上所有的钉子都拔掉了。

父亲拉着他的手来到栅栏边，对小男孩说："儿子，你做得很好。但是，你看一看那些钉子在栅栏上留下的那么多小孔，栅栏再也不会是原来的样子了。当你向别人发过脾气之后，你的言语就像这些钉孔一样，会在人们的心灵中留下疤痕。你这样做就好比用刀子刺向了某人的身体，然后再拔出来。无论你说多少次'对不起'，那伤口都会永远存在。其实，口头上对人们造成的伤害与伤害人们的肉体没什么两样。"

我们对人所造成的伤害，再多的弥补往往也无济于事。所以在生气的时候，不管怎样总要留下退步的余地，以免做出无法挽回的事。

总之，管理好自己心里的怒气，控制好自己的情绪，你就可以从容自如地面对生活中的很多不平事，成为强者，正如圣经上所说："不轻易发怒的，胜过勇士；治服己心的，强如取城！"

热情可以提高工作效率

热情是工作的灵魂，是一种能把全身的每一个细胞都调动起来的力量，是不断鞭策和激励我们向前奋进的动力。在所有伟大成就过程中，热情是最具有活力的因素，可使我们不惧现实中的重重困难。每一项发明，每一个工作业绩，无不是热情创造出来的，热情是工作的灵魂，甚至就是工作本身。

微软公司招聘员工时，有一个很重要的标准：他首先应是一个非常有激情的人，对公司有激情、对技术有激情、对工作有激情。也许你会觉得奇怪，在一个具体的工作岗位上怎么会招聘这样的人，他在这个行业涉猎不深，年纪也不大。但是公司认为他有激情，和他谈话之后，你会受到感染，愿意给他一个机会。

美国著名人寿保险推销员弗兰克·帕克凭借着他的热情创造了一个又一个的奇迹。最初帕克是一名职业棒球运动员，由于缺乏激情，动作无力，被球队开除了。球队经理对帕克说："你对职业没有一点热忱，不配做一名棒球运动员，无论你走到哪里，做任何事情，若不能打起精神来，你永远都不可能有出路。"后来，朋友又给帕克介绍了一个新的球队，到达新球队的第一天，帕克做出了一生最重大

的转变，他决定要作美国历史上最有热情的职业棒球运动员。□

结果证明，他的转变对他具有决定性的意义。在球场上，帕克先生就像身上装了马达一样，强力地击出高球，使接球的人手臂都被震麻木了。有一次，帕克先生像坦克一样高速冲入三垒，对方的三垒手被帕克先生强大的气势给镇住了，竟然忘记了去接球，帕克先生很轻松地赢得了胜利。

热情给帕克先生带来了意想不到的结果，他的球技好得超出了自己的想象。更重要的是，帕克先生的热情，也感染了其他的队员，大家都变得激情四溢。最终，球队取得了前所未有的佳绩。当地的报纸对帕克先生大加赞扬："那位新加入进来的球员，无疑是一个霹雳球手，全队的人受到他的影响，都充满了活力，他们不但赢了，而且打了一场本赛季最精彩的比赛。"

而帕克先生呢，由于对工作和球队的热情，他的薪水由刚入队的 500 美元提高到约 4000 美元，是原来的 7 倍多。在以后的几年里，凭着这一股热情，帕克先生的薪水又增加了约 50 倍。

你一定会为帕克先生的热情所折服，但故事到此并没有结束。后来由于腿部受伤，帕克先生不得不离开了心爱的棒球，来到一家著名的人寿保险公司当保险助理，但整整一年他都没有一点业绩。帕克先生又迸发了像当年打棒球一样的工作热情，很快，他就成了人寿保险界的推销至尊。他深有感触地说："我从事推销 30 年了，见到过各种各样的人，由于对工作保持热情的态度，有的人收效成倍地增加，我也见过另外一些人，由于缺乏热情而走投无路。我深信热情的态度是成功推销的最重要因素。"

一个人在工作时，如果能以精进不息的精神，火焰般的热忱，充分发挥自己的特长，那么即使是做最平凡的工作，也能成为最精巧的工人；如果以冷淡的态度去做哪怕是最高尚的工作，也不过是个平庸的工匠。

在这个社会中，职场人士承担着巨大的有形或者无形的压力。同事之间的竞争、工作方面的要求，以及一些日常生活琐事，无时无刻不在禁锢着我们的心灵。于是在种种的压力和禁锢之后，无精打采、垂头丧气和漠不关心扼杀了我们心中对事业的美好追求和热忱。从热爱工作到应付工作，再到逃避工作，我们的职业生涯遭到了毁灭性的打击。

于是，一切开始平平淡淡，昔日充满创意的想法也消失了，每天的工作只是应付完了就行，既厌倦又无奈，找不到自己的方向，也不清楚究竟怎样才能找回曾经让自己心跳的激情。在老板眼中，你也由一个前途无量的员工变成了一个比较普通的员工。

要想在工作上取得成就，让老板对你青睐有加，就必须要保持对工作的热情。人生目标贯穿于整个生命，你在工作中所持的态度，使你与周围的人区别开来。热情给弱者以新的勇气，给心灰意冷以新的希望，给那些坚强勇毅之人以更强大的力量。

那些对工作缺乏激情的人，总认为工作是枯燥乏味的，缺少乐趣。工作对我们而言究竟是乐趣还是枯燥乏味的事情，完全取决于我们自身的态度。如果你只把目光停留在工作本身，那么即使是从事你最喜欢的工作，你依然无法保持持久地对工作的热情。如果在拟定合同时，你想的是一个几百万元的订单；搜集资料、撰写标书时你想到的是招标会上的夺冠，你还会认为自己的工作周而复始、枯燥无味吗？

我们欣赏满腔热情工作的员工，也相信每个公司的老板也同我们一样。正如一位著名企业家所说："成功并不是几把无名火所烧出来的成果，你得靠自己点燃内心深处的火苗。如果要靠别人为你煽风点火，这把火恐怕没多久就会熄灭。”

要想保持对工作的持久激情，就要不断给自己树立新的目标，挖掘新鲜感；把曾经的梦想拣起来，找机会实现它；审视自己的工作，看看有哪些事情一直拖着没有处理，然后把它做完……在你解决了一个又一个问题后，自然就产生了一些小小的成就感，这种新鲜的感觉就是让激情每天都陪伴自己的最佳良药。

虽然人类永远不能做到完美无缺，但是在我们不断增强自己的力量、不断提升自己时候，我们对自己要求的标准会越来越高，我们也会因此离完美越来越近。这就是人类精神的永恒本性。

快乐生活，让你充满活力

快乐是一种态度，更是一种能力，并且是一种非常重要而难得的能力。一个人如果能够长期保持快乐，说明他的态度是正确而积极的，说明他能比较乐观地看待生活中的问题。通常，这种人更容易获得幸福，也更容易创造出积极的结果。

有一家跨国公司招聘一名策划总监，经过层层选拔，最后剩下了3个人，他们将进行最后的争夺。在进入最后一轮考核前，3名应聘者被分别安排到3个装有监控设备的房间内。房间干净整齐，温馨舒适，所有生活用品一应俱全，但是没有电话，也不能上网。考核方没有告诉他们具体要做什么，只是让他们安心地等待考核通知，到时会有专人将考题送来。

第1天，5个人都在兴奋中度过，享受着免费的接待。他们在各自的房间内看看电视，翻翻书报，听听音乐，按时吃着送来的三餐，时间很快就过去了。

第2天早餐过后，3人的表现开始有了不同。因为迟迟没有收到考题，其中的一个人变得焦躁不安，他不停地调换电视频道，把书翻来翻去，无心细看。另一个人则愁眉苦脸，抱着书发呆，望着电视眼珠却不转。只有最后的那个人还若无其事地生活着,津津有味地吃着送来的三餐,观看自己喜爱的电视节目,非常投入地看着手里的书,踏踏实实地睡觉……享受着这里的一切。

随着时间的推移,3 个人的差异越来越明显。

到了第 5 天,考核方将 3 个人同时请出了各自的房间,宣布考核结束。前两人露出了惊讶的表情,最后那个人的表现还是那么镇定。人事经理代表总经理宣布了考核结果:公司决定聘用那位态度乐观、能快乐生活的人,并对聘用原因进行了简单解释:“快乐是一种能力,能够在不同情况下保持乐观态度的人,更容易对事情做出准确的判断,更具有承受能力和开拓精神,也更能处理好与团队成员间的关系,创造出良好的工作氛围。”

快乐也是一种良好的竞争优势,能够帮助你在事业上获得更多机会,在前进的道路上走得更加顺利。

无论对工作还是生活来说,能保持快乐的心态,就是一种资本。

快乐是一种生活的尺度,能反映我们生活的品质,丈量我们对生活的热爱程度。一位心理学家曾说:“快乐是一种善待自己的能力,不管你目前的生活境况怎样,你都应该让自己保持快乐的心情。”很多人之所以不能获得快乐,是因为他们把注意力集中在了令人沮丧和痛苦的事情上。

快乐的心情有利于改善生活状态,提高生活品质。可能你对新的环境还不是很熟悉,可能你的人际关系并不是非常和谐,可能你目前的生活也不是那么令人满意……那么,你应该想办法让自己快乐起来,让快乐成为自己的一种优势、一种习惯。这样,你就能以乐观的态度去面对一切,就会变得热情友好、积极主动、豁达开朗起来。

快乐是幸福的基础，但快乐不同于兴奋。英国的一位作家说过：“快乐是一种礼物，创造了绝大多数积极的生活。兴奋则来自于不计后果的狂欢，让人忘记了生活本身。”

对每个人来说，快乐是一种权利，也是一种义务。

每个人都有让自己快乐的理由，但我们总认为自己没有资格快乐，或者还没有达到应该快乐的程度。很多人常常怀着这样的心理“如果……的话，我就会非常快乐，但是……”其实，快乐是每个人最基本的权利和义务，不论你是富有还是贫穷，是成功还是失败。如果快乐要等到实现某个目标之后才能实现，那么你永远享受不到真正的快乐。因为不论你的目标是金钱、职位或是爱情，当你实现目前的目标之后，你马上会发现下一个目标，所以你根本不可能快乐，你的烦恼反而会增加。

快乐是等不来的，生活本身就是一系列问题，如果你想要快乐，你就快乐吧，不要“有条件”的快乐，而要把快乐当成自己的一种心理性格。

快乐是常态，痛苦只是小插曲

从前有一个人，他有四个儿子。他希望儿子们能学会不急于对事物下结论，于是依次派四个儿子出去，让他们去远方看一棵梨树。就这样，大儿子冬天前往，二儿子春天启程，三儿子夏天出发，而小儿子则是在秋天动身的。

等儿子们都去过回来之后，这位父亲把他们叫到一起，让他们描述各自的所见。大儿子说梨树很难看，被压得很弯，枝干扭曲。二儿子却说并非如此，梨树绿芽初发，生机勃勃。三儿子不同意他们的看法，他说那棵梨树花苞满树、芬芳扑鼻、赏心悦目，是他见过的最美丽的事物。小儿子的意见跟他们的都不一样，他说那棵树果实累累，成熟在望，充满了生机和收获。

这位父亲说他们答得都对，因为他们都只看到了梨树生命中的一个季节。他告诉他们：不应仅凭一个季节来判断一棵树，一段时间来看一个人。最后，到所有的季节都已终结时，才能衡量一个人的本质，以及他生命中的快乐、喜悦和爱。

这则小故事告诉我们：如果你在寒冬时放弃，你将失去春之希望、夏之灿烂、秋之收获。所以，不要让一时的痛苦毁弃你所有其他的快乐。

快乐与痛苦，是生活中永恒的旋律，谁也不敢保证自己时时刻刻都是幸福和快乐的，每个人都不可避免地会面临悲伤的时刻，比如经历失去或失败，但我们依然可以活得很幸福，只要我们正确地选择。事实上，期盼无时无刻的快乐，畏惧和逃避现实的苦难，只会带来失望和不满，进而让自己陷入痛苦之中。

一位哲人说："苦难本是一条狗，它会在生活的某个拐角不经意地向我们扑来。如果我们畏惧、躲避，它就凶残地追着我们不放；如果我们直起身子，挥舞着拳头向它大声吆喝，它就只有夹着尾巴灰溜溜地逃走。"

生活中的苦痛是幸福的最大障碍。一个幸福的人仍旧避免不了受到噩运的挑衅，情绪上的起伏，但要保持一种积极的人生态度，因为，快乐是常态，痛苦只是小插曲。

曾有这样一个真实的故事：

格连·康宁罕是美国体育运动史上一位伟大的长跑选手，他的人生的伟大和幸福，不仅在于他取得的成绩，更在于他笑对苦难、把握命运的信心。

8 岁时，一场爆炸事故使他双腿严重受伤，医生断言他此生再也无法行走。面对黯然神伤的父母，康宁罕没有哭泣，而是大声宣誓："我一定要站起来！"

康宁罕在床上躺了两个月之后，便尝试着下床。为了不让父母看见伤心，康宁罕总是背着父母，拄着父亲为他做的那根小拐杖在房间里艰难地挪动。钻心的疼痛让他一次次跌倒，并跌得遍体鳞伤，但他毫不在乎，他坚信自己一定可以重新站起来，重新走路、奔跑。几个月后，康宁罕的两条腿可以慢慢地屈伸了。他在心底默默为自己欢呼:“我站起来了！我终于站起来了！”

这时候,康宁罕想起了离家两公里的一个湖泊。他喜欢那儿的蓝天碧水,怀念那儿的小伙伴。他心向湖泊,更加坚强地锻炼着自己。两年后,康宁罕凭借着自己的坚韧和毅力,走到了湖边。从此,他又开始练习跑步,把农场上的牛马作为追逐对象,数年如一日,寒暑不放弃。他不断地挑战自己,挑战命运。后来,他的双腿就这样“奇迹”般地强壮了起来,并成为美国历史上有名的长跑运动员。康宁罕用他的行动告诉我们:苍天不会虐待生命的热爱者,不会辜负与苦难顽强斗争的人心底执著的渴望。

萧伯纳曾经说过:“一般人只看到已经发生的事情并说为什么如此呢？我却梦想从未有过的事物,并问自己为什么不能呢？”当命运无情地和你开起笑话时,你可以甘愿被它玩弄于股掌之中,也可以选择脱离它的阴影,给心以光明的方向。

一个年轻人总是不停地抱怨生活没有让他得到他想要的一切。一天,他的师傅让他把一些盐倒进水杯中喝下,然后问他:“味道如何?”他吐了出来:“很苦很苦。”师傅笑着让他带一些盐到湖边,一路无语,到湖边后,师傅让他把盐撒进湖里,然后让他喝点湖水,问他:“味道如何？”他说:“很清凉。”师傅说:“没有咸味吗？”他说:“没有。”师傅说:“人生的痛苦如同这些盐是有一定数量的,即不会多也不会少,我们承受痛苦的容积的大小决定痛苦的程度,所以当你感到痛苦时,就把你的承受容积放大些,不是一杯水,而是一个湖。”

有了痛苦,幸福快乐才显得弥足珍贵;有了幸福快乐,痛苦也就显得短暂和微小。而人的一生,也正因为交织着痛苦和欢乐,才充满了意义与趣味。在现实生活中,有人觉得幸福,有人深感不幸;两个人同时望向窗外:一个人看到星星,一个人看到污泥。这代表着两种截然不同的态度。

其实,幸福没有绝对的定义。幸福与否,只在于你如何看待。幸福,其实无时不在我们身边,只要我们细心去感受,敏锐地去观察,你会发现,原来幸福与我们是那么接近。

本·沙哈尔曾这样对哈佛的学生说:“总有人问我, 你能帮我消除痛苦吗?人为什么要用这种态度来对待痛苦?痛苦是我们的人生经验,会让我们从中学到很多。人生的成长和飞跃,经常发生在你觉得非常痛苦的时刻。”

其实,在人生的旅途中,会面临很多痛苦之事,重要的是你如何去看待。如果你拥有积极乐观的态度,那么你肯定会有智慧和能力化痛苦为快乐,从而生活得越来越幸福。

知足者常乐

什么是幸福?幸福是一种感觉,而且是一种快乐的感觉。我们只要用心去感受,其实,幸福就在我们的身边。想要幸福的生活很简单,那就是学会知足。

在我们的一生中,我们总是觉得:“得不到的东西总是最好的。”那是我们无法满足欲望的无奈,也是注定无法拥有的遗憾。人,生活在浮躁烦嚣的社会中,只有知足的人才会体会到幸福与快乐的真谛,发现人生的价值。

知足,是一种成功做人的艺术。一旦说起“知足”一词,有些人便会认为那是人的惰性流露,其实不然。人生常常是无奈的,有时候会被迫置身于极不情愿的生活境遇里,甚至会落到万念俱灰的地步,但是一旦他能想到自己还有幸拥有一个可爱的人生,便又知足地笑起来:“留得青山在,不怕没柴烧。”知足是我们在深刻理解生活真相之后的必然选择。

追求幸福是人性之一,每个人都希望自己生活得快乐一些。有人说,人生来是痛苦的,也正因为这些痛苦,追求幸福才是我们努力的一个方向。人生活的根本目的归根到底是为了“幸福”二字,成功的事业、富足的家产、自我的实现等，都是为了最终的幸福。

德国哲学家叔本华说过这样的话：“我们很少去想已经有的东西，但却念念不忘得不到的东西。”这句话是多少人心灵的写照！

一天，帝尧听说了许由的贤明，就要把掌管天下的权力让给他。尧找到许由，对他说：“太阳和月亮出来了，手里拿的小火把还不熄灭，它和太阳或月亮的光相比，不是太没有意思了吗!天上下了及时雨，还要去提水灌溉农田，这对于润泽禾苗，不是徒劳吗！先生如果立为天子，一定会把天下治理得很好，可是我还占着这个君位，很觉得惭愧，请允许我把天下奉还给先生。”

许由答道：“你当君王治天下，已经治理得很好了，我若再来代替你，我不是在追求名吗？名是实的影子，我这样做，不是成了影子吗？鹪鹩在深林里做窝，不过是占一根树枝；鼹鼠喝大河里的水，最多只能是喝饱肚子。算了吧，我的君王啊，你请回吧。这就像厨师是不能做祭祀用的饭菜的，掌管祭奠的人也决不能越位来代替厨师的工作啊。”

正如许由所说，在社会这个大家庭中，每个人都有自己的位置和相应的生活，也应该像鹪鹩、鼹鼠一样知足，但是现实生活中，这样的人却寥寥无几。有的人叹息自己贫穷，有的人叹息自己无能，有的人叹息自己不够美貌……我们总是期待得到那些我们没有的财富，觉得没有那些就不幸福，然而却总忽视我们本身所拥有的。

美国某个小镇上的一位已过了耄耋之年的老人曾经非常自豪地说：“我是这个小镇上最富有的人。”

不久，这句话传到了镇上的税务稽查人员的耳朵里。稽查员的职业敏感使他们在第一时间登门拜访了这位老人。他们开门见山地问：“我们听说，您自称是最富有的人，是吗？”

老人毫不犹豫地点了点头："是的，我想是这样。"

稽查员一听，便从公文包里拿出笔和登记簿，继续问道："既然如此，您能具体说一说您所拥有的财富吗？"

老人兴奋地说道："当然可以了。我最大的财富就是我健康的身体，你别看我已经90多岁了，但我能吃能走，还能做点力气活，我不用经常去医院，就是在变相地省钱和赚钱。"

稽查员有些吃惊，仍然耐心地问："那么，您还有其他的财富吗？"

"当然，我还有一个贤惠温柔的妻子，"老人一脸幸福地说着，"我们生活在一起将近60年了。另外，我还有好几个很孝顺的子孙，他们都很健康，也很能干，这也我的财富。"

稽查员再次耐着性子继续问："还有其他的吗？"

"我还是个堂堂正正的国民，享有宝贵的公民权，这也是个不容否认的财富。还有，我有一群好朋友，还有……"

稽查员有点不耐烦了，单刀直入地问："我们最想知道的是，您有没有银行存款、有价证券或是固定资产？"

老人十分干脆地回答："这些完全没有。"

稽查员又问："您确定没有吗？"

老人诚恳地回答："我发誓，肯定没有。除了刚才我说的那些财富，其他我什么也没有。"

稽查员收起登记簿，肃然起敬地说："确实如你所言，您是我们这个镇上最富有的人。而且，您的财富谁也拿不走，连政府也不能收取您的财产税。"

看了老人的故事，你有何感想？人生来就要追求幸福，生来便具有各种欲望。这些需要和欲望应该是得到满足的，而一旦得不到满足时,人的需要便产生了匮乏,也产生了痛苦。痛苦是没有止境的,因为人的欲望是无止境的。那么,我们是不是永远也不会快乐地生活呢?答案是否定的,尽管人的欲望无穷,只要我们能知足,便能常乐,便会幸福。

幸福是什么?人与人不同,所以感受也就不同,100个人就会有100种不同的感受,说出100个不同的答案。然而,事实上,幸福就是健康、快乐地活着。

可是这个世界总是这样,人们互相羡慕,甚至互相攀比。我们忘记了孩童时只有一个玩具也能玩得喜上眉梢的感觉,我们不再珍惜自己拥有的,我们多了各种各样的欲望,我们看不到自己的,却时时刻刻羡慕别人的一切。下面这则故事可能会让你感悟更多的生活内涵。

在河的两岸,分别住着一个和尚与一个农夫。

和尚每天看着农夫日出而作,日落而息,生活看起来非常充实,令他相当羡慕。而农夫也在对岸看见和尚每天都是无忧无虑地诵经、敲钟,生活十分轻松,令他非常向往。因此,在他们的心中产生了一个共同念头:"真想到对岸去!换个新生活!"

有一天,他们碰巧见面了,两人商谈一番,达成了交换身份的协议:农夫变成和尚,而和尚则变成农夫。

当农夫来到和尚的生活环境后,这才发现,和尚的日子一点也不好过。那种敲钟、诵经的工作,看起来很悠闲,事实上却非常烦琐,每个步骤都不能遗漏。更重要的是,僧侣刻板单调的生活非常枯燥乏味,虽然悠闲,却让他觉得无所适从。

于是,成为和尚的农夫,每天敲钟、诵经之余都坐在岸边,羡慕地看着在彼岸快乐工作的其他农夫。

至于做了农夫的和尚，重返尘世后，痛苦比农夫还要多，面对俗世的烦忧、辛劳与困惑，他非常怀念当和尚的日子。

因而他也和农夫一样，每天坐在岸边，羡慕地看着对岸步履缓慢的其他和尚，并静静地聆听彼岸传来的诵经声。

这时，在他们的心中，同时响起了另一个声音："回去吧！那里才是真正适合我们的生活!"

沉湎于羡慕别人的人往往都有这样的通病，看不到自己有的，只拿自己没有的与别人有的来攀比。殊不知，每个人都有自己独特的才能和生活方式。我们不必羡慕别人的笑容，那也许只是苦中作乐或是强颜欢笑。有的人薪金丰厚、月入数十万，却因劳累过度而患病；有人事业发达，情感路上却是坎坷难行……也许，只有懂得羡慕自己的人，才是真正值得羡慕的人。

所以说，每个人的生命，都被上苍划上了一道缺口，不可能有任何一个人能拥有一切，要相信上帝是公平的。在尘世喧嚣的社会里，只要自己淡泊名利，知足常乐，内心充满阳光，享受人间的精彩，你的生活，每天都会是幸福快乐的。

知足的人即满足于自我的人，知足者能认识到无止境的欲望和痛苦，于是就干脆压抑一些无法实现的欲望，这样虽然看起来比较残忍，但它却减少了更多的痛苦。古人的"布衣桑饭，可乐终身"是不如意中的如意，沈复所言"老天待我至为厚矣"是知足常乐的真情实感。你要懂得，知足或不知足都不是生活的目的。

只有经常知足，在自我能达到的范围之内去要求自己，而不是刻意去勉强自己，才能心平气和地去享受独特的人生。做人的要务是寻找生活本身的幸福和快乐，而不是去计较这种生活究竟是"贫民窟"还是"富贵乡"。知足如果能够幸福常乐，则不妨选择知足。

微笑着面对挫折

斯巴昆说:“有许多人一生之伟大,来自他们所经历的大困难。”精良的斧头,锋利的斧刃是从炉火的锻炼与磨削中得来的。很多人,具备“大有作为”之才资,由于一生中没有同“逆境”搏斗的机会,没有充分的“困难”磨炼,没有刺激其内在的潜伏能力的发动,而终生默默无闻。

每个人的人生之路都不会一帆风顺，遭受挫折和不幸在所难免。成功者和失败者最重要的一个区别就是对挫折与失败的看法:失败者总是把挫折当成失败,从而使每次挫折都足以深深打击他胜利的勇气;成功者则是从不言败,在一次又一次的挫折面前,总是对自己说:“我不是失败了,而是还没有成功。”一个暂时失利的人,如果鼓起勇气继续努力,打算赢回来,那么他今天的失利,就不是真正的失败。相反的,如果他失去了再战斗的勇气,那才是真输了!

美国著名电台广播员莎莉·拉菲尔在她 30 多年职业生涯中,曾被辞退 18 次,可是她每次都调整心态,确立更远大的目标。最初由于美国大部分的无线电台认为女性不能打动观众,没有一家电台愿意雇佣她。她好不容易在纽约的一家电台谋求到一份差事,不久又遭到辞退，说她思想陈旧。莎莉并没有因此而灰心丧气、精神委靡。她总结了失败的教训之后，又向国家广播公司电台推销她的节目构想。电台勉强答应录用，但提出要她在政治台主持节目。“我对政治了解不深，恐怕很难成功。”她也曾一度犹豫，但坚定的信心促使她大胆地尝试了。她对广播已经轻车熟路，于是她利用自己的长处和平易近人的作风，抓住 7 月 4 日国庆节的机会，大谈自己对此的感受及对她自己有何种意义，还邀请观众打电话来畅谈他们的感受。听众立刻对这个节目产生了兴趣，她也因此而一举成名。后来莎莉·拉菲尔成为自办电视节目的主持人，还曾两度获得重要的主持人奖项。她说：“我被人辞退过 18 次，本来可能被这些厄运吓退，做不成我想做的事情，结果相反，我让它们把我变得越来越坚强，鞭策我勇往直前。”

如果一个人把眼光仅仅拘泥于挫折给他所造成的痛感之上，就很难再有心思想自己下一步该如何努力，最后如何成功。一个拳击运动员说：“当你的左眼被打伤时，右眼就得睁得更大，这样才能够看清敌人，也才能够有机会还手。如果右眼也同时闭上，那么不但右眼也要挨拳，恐怕命都难保！”拳击就是这样，即使面对对手无比强劲的攻击，你还是得睁大眼睛面对受伤的感觉，如果不是这样的话一定会输得更惨。其实人生又何尝不是如此呢？

红军二万五千里长征过雪山的时候，凡是在途中说“我撑不下去了，让我躺下来喘口气”的人，很快就会死亡，因为当他不再走、不再动时，体温就会迅速降低，跟着很快就会被冻死。在人生的战场上，如果失去了跌倒以后再爬起来、在困难面前咬紧牙关的勇气，就只能遭受彻底的失败。

著名的文学家海明威的代表作《老人与海》中有这么一句话：

“英雄可以被毁灭，但是不能被击败。”英雄的肉体可以被毁灭，可是英雄的精神和斗志则永远在战斗。跌倒了，爬起来，你就不会失败，只是现在还没有成功。

贫穷、痛苦不是永久不可超越的障碍，反而是心灵的刺激品，可以锻炼我们的身心，使得身心更坚毅、更强固。钻石越硬，它的光彩越耀眼，要将其光彩显出来时所需的摩擦也越多。只有摩擦，才能使钻石显示出它全部的美丽。火石不经摩擦，火花不会发出；人不遇刺激，生命火焰不会燃烧！

微笑，宛如清晨的一缕阳光

科学证明每个人的大脑都是不一样的，这就决定了每个人的思想意识都是不一样的，再加上一些主观和客观的因素，人的思想变化就更是难以琢磨。但是，再难以琢磨，人都有一个共同的特点，就是希望得到别人的理解。对方一旦发现你可以感知他、理解他，他自然而然就对你产生了好感，此时的你绝对可以引起他的注意，你的第一步已经成功了。你做到这第一点并不难，有时只是一个善意的微笑而已。

真诚的微笑不但可以使人们和睦相处，也能给人带来极大的成功。微笑真的很神奇，有时候，一个真诚的微笑甚至可以改变你的命运。

一个雨天的下午，有位老妇人走进匹兹堡的一家百货公司，漫无目的地在公司内闲逛，很显然是一副不打算买东西的样子。大多数售货员只对她瞧上一眼，便自顾自地忙着整理货架上的商品。

只有一位年轻的男店员看到了这位老妇人之后立刻微笑着上前，热情地向她打招呼，还很有礼貌地问她是否有需要他服务的地方。这位老太太对他说，她只是进来躲雨，并不打算买任何东西。这

位年轻人还是很客气地对她说："即便如此，我们仍然欢迎您的光临!"他主动和她聊天,以显示自己的确欢迎她。当老太太离去时,这位年轻人还亲自送她到门口,微笑着替她把伞撑开。这位老太太看着他那亲切、自然的笑容,不禁犹豫了片刻,凭着她阅尽沧桑的眼睛,她在年轻人的那双眼睛里读到了人世间的善良与友爱。于是,她向这位年轻人要了一张名片,然后告辞。

谁也没想到这位老妇人是什么人,而这位年轻的男店员也完全忘记了这件事。过了一段时间,这位年轻的男店员被公司叫到办公室去。老板告诉他,上次他接待的那位老太太是美国钢铁大王卡耐基的母亲。老太太给公司来信,专门要求公司派他到苏格兰,代表公司接下装潢一所豪华住宅的工作,交易金额数目巨大——这意味着他将受到"重用"。

老板高兴地对年轻人说："你的微笑是最有魅力的微笑！"

旅馆大王康拉德·希尔顿就是善于利用微笑而获得成功的典型。

希尔顿把父亲留给他的 1.2 万美元连同自己挣来的几千元投资出去,开始了他雄心勃勃的经营旅馆生涯。当他的资产从 1.5 万美元奇迹般地增值到几千万美元的时候,他欣喜而自豪地把这一成就告诉母亲,想不到,母亲淡然地说："依我看,你跟以前根本没有什么两样……事实上你必须把握比 5100 万美元更值钱的东西：除了对顾客诚实之外,还要想办法使来希尔顿旅馆的人住过了还想再来住,你要想出这样一种简单、容易、不花本钱而行之久远的办法去吸引顾客。这样你的旅馆才有前途。"

母亲的忠告使希尔顿陷入迷惘:究竟什么办法才具备母亲指出的"简单、容易、不花本钱而行之久远"这四大条件呢?他百思不得其解。他逛商店、串旅店，以自己作为一个顾客的亲身感受，得出了准确的答案——“微笑服务”，只有微笑才实实在在地同时具备母亲提出的四大条件。

从此，希尔顿开始实行“微笑服务”这一独创的经营策略。每天，他对服务员的第一句话是“你对顾客微笑了没有”，他要求每个员工不论如何辛苦，都要对顾客投以微笑，即使在旅店业务受到经济萧条的严重影响的时候，他也经常提醒职工，记住：“万万不可把我们的心里的愁云摆在脸上，无论旅馆本身遭受的困难如何，希尔顿旅馆服务员脸上的微笑永远是属于旅客的一缕阳光。”因此，经济危机中纷纷倒闭后幸存的20%旅馆中，只有希尔顿旅馆服务员的脸上还带着微笑。结果，经济萧条刚过，希尔顿旅馆就率先进入新的繁荣时期，跨入了黄金时代。

美国《商业周刊》主编卢·扬在谈到企业管理时说：“大概最重要、最基本的经营管理原则乃是接近顾客，同顾客保持接触，满足他们今天的需要并预见他们明天的愿望。可是现在普遍忽视了这个基本前提。”美国的许多学者也通过对美国许多优秀公司的研究，总结出这样一句格言：优秀公司确实非常接近他们的顾客。企业如何接近顾客，微笑服务是法宝。

微笑不仅能带给你许许多多的好处，而且会让你体会到人生中人们互相信任的美妙。

微笑人人都会，在应付许多事时，当然需要一定的灵活度和口才艺术。急中生智，并非人人都具有。这次应付过去，下次并不一定能够轻松应付。用微笑来应急是一件相当好的事，微笑有时充满一种神秘的色彩，当你微笑时，也是用一种无言的欣赏来回答，使对方内心感到温暖和舒服。

如果你身处逆境之中，并不停地抱怨命运，认为生活亏欠了你，认为自己是世界上最不幸的人，那么，你已陷入了消极情绪的泥潭。

消极情绪是可以理解的，却是不健康的，它是自尊、自爱、自励、自信的对立面。消极情绪不利于人的振作，是人冲出逆境的绊脚石，甚至可以说，它就像一剂慢性毒药，侵蚀你的勇气、力量和时间。任其发展下去，将使人失去一切。历史的列车从不因弱者的呼叫而停留。如果你还想有所作为的话，就必须扔掉消极情绪的抹泪布。

当年，法国大文豪维克多·雨果被当权者驱逐出境，同时又被病魔缠身的时候，他流落到了英吉利海峡的泽西岛上。他每天都久久地坐在俯瞰海港的一张长椅上，凝视落日，陷入冥思苦想之中。然后，他总是缓缓地却不乏坚定地站起来，在地上捡起一堆石头，一块块地掷向大海。掷完了，就带着满足和开阔的心情离去。

他天天如此，终于引起了人们的注意。一天，一个大胆的孩子走上前来问他："为什么你要来这里，向海里扔这么多的石头？"雨果沉默了一会儿，然后严肃地说："孩子，我扔到海里的不是石头，我扔掉的是'消极'。"雨果终于没有让那无益的消极情绪夺去自己的斗志，他最终战胜了逆境，他以他的伟大著作流芳百世。

仔细想想，我们今日的处境难道比雨果还糟糕吗？如果我们总觉得周围一片黑暗，那会不会是因为我们背对着太阳，自己把光线挡住了呢?那么，不妨转过身来，面向光明，然后，像扔掉石头那样，扔掉那消极的抹泪布。这样，你就能睁开昔日泪水模糊的眼睛发现生活中的美，然后去适应它；你也就能腾出手来披荆斩棘，开拓前行的道路。

多年前，一位小杂货店的主人陷入了一种困境。因为他辛辛苦苦得来的一些生意上的客户都纷纷离他而去了。他的一个竞争对手进了一大批糖，他的卖价比这家小杂货店的进价还要低。他的客户们自然都到他对手那里去买糖了，而且自然而然地，别的东西也就顺便在那里买了。

可以预料，他的小店会一天天地冷落下去，他的客户都会跑到他的竞争者那里去。可是那又有什么办法呢？买东西时避高就低是人之常情。不过他知道一定要想点办法才行。无奈之下，他跑到一个朋友那里去讨计策，这位朋友是安吉拉信托储蓄银行的总经理斯腾。

斯腾说："我告诉你该如何做，你仍旧回到你店里去，像以前一样照常做生意——不过最先不要说到糖上面来。等别人把所要的东西都买好了，准备要走的时候，你就说：'某某太太，我想现在正是做果酱的好时候，你一定要买些糖吧？勃兰克的店里最近进了一大批糖，价格非常便宜——比我买进来的价钱还低呢。如果你要糖的话，我可以代你去买一些来。'"

过了三四天，这位商人带着笑脸来找到斯腾说："佛兰克，你的计策真好，我差不多把他们的糖都卖完了。他们没有夺走我哪怕是一个客户,因为我替这些客户们省了不少麻烦,他们不必亲自进城去买糖了。这些客户们还因此而感谢我呢。”

事业的成败掌握在自己手中,这是很寻常的事情。只有那些真正有作为的人,才能将“消极”二字改成“动力”,从而利用它成就自己的梦想。

人的思维具有极快的进行速度,一些想法会很快引发另一些想法。当我们的思维恶性下滑时,它会给我们带来消极情绪。例如,让我们观察一下,当朋友或恋人没打电话来时,你的思维是如何一步一步滑向消极的。你的思维过程如下:

他没有打电话。

这是因为他有更好或更有趣的事情要做。

如果他在乎我,他早就打电话过来了。

因此,他并不真的在乎我。

我似乎永远无法找到在乎我的人。

我是怎么了?

或许我非常没有吸引力,令人厌烦。

我永远不可能与人建立一种天长地久的亲密关系。

我将永远被抛弃。

生命完全是空虚无意义的。

这种思维进程如此之快,以至于我们几乎无法意识到。我们不仅因他人未打电话而失望、气愤,还会感到绝望。因为我们的思维使我们得出这样的结论:我是个令人讨厌的人,没有人关心我,我将遭到所有人的抛弃。当我们陷入消极的时候,常会出现上述快速的思维程式。我们的观念会将我们带入更坏的可能中。而这一切发生的又是如此迅速——有时甚至在几秒之中。

思维的恶性发展,是消极的体现,而且它会导致恶性循环。例如,绝望时,你会想放弃,不想做任何事。而一旦你没有完成任何突破,就会认为自己无用,而这种自身无价值感便会使我们更加绝望。

思维陷入这种恶性循环,才是我们自身的可怕绝境,所以一定要设法摆脱。我们要用积极表现鼓励自己,欣赏自己的努力,而不必过于在意结果。要一再告诫自己:尽管现在我还没有突破,但这并不等于我是个没有用的人,只是我的付出还不够,因此我需要更积极地努力,我要掌握自己的命运。

"一步一步往前走吧",这就是由消极变主动的含义,这意味着一直坚持下去,变消极为主动,直到问题解决为止。

然而,许多人长年累月地生活在消极的阴影中,这对任何人而言都是无益的。消极的人都不免为消极的氛围所侵害和笼罩。或许,以往的某些欢乐与美好已永世不会再有,但我们何不让自己生活在曾经享有的快乐回忆里,不要因为自己得不到那些快乐,而使自己和周围的人一同遭不幸。

你若常常情绪不宁,心神颓丧,你若习惯于遇事懊恼、抱怨,如此再念念不忘,你就永远得不到片刻的安宁和自由,你也就没有动力去追求你的事业了。凡是尝到苦头的人,应该多想想开心的往事,比如,曾在艺术领域或大自然里所见的美丽事物,阅读一些使人奋发向上的书籍。这样,你的所有的郁闷都会烟消云散,拨开乌云见晴天是多么美好。阳光替代阴暗,喜乐替代忧愁是多么令人喜悦。威格斯夫人说:"要想获得快乐的办法就是,当你觉得不开心时,你就开口大笑;当你头痛得要命时,你就想想别人还有更多困扰。当乌云密布不见阳光时,你就告诉自己:太阳依然在发着光芒。"

有一个聪明、快乐的女子,她本是很容易灰心消极、神情沮丧的,但只要她一感觉到有这样的情绪到来时,她就强迫自己唱一首欢快向上的歌,或弹一首轻快流畅的曲子。只要新思想比老思想更为有力,相反的情绪所产生的威力是足以排除一切的。

拉特福德曾说:“治疗怠惰的唯一法则就是工作;治疗信仰的唯一法则就是舍弃猜疑,听从基督的吩咐;治疗怯懦的唯一法则就是打击未来之前,不顾一切地投入到某项冒险的工作中去。”同样,治疗人们的心情不佳,就用所有好的情绪去健全他的心灵,当然这需要有坚强的意志力。

《神秘》杂志的一位著名作家说:“种种的困难麻烦最害怕的就是:我们不去理睬它们还嘲弄它们。当我们想摆脱它们,并有了其他更大兴趣而遗忘它们的时候,或者,在我们心里对它们的地位不以为然时,它们就会迅速地抱头鼠窜而去,不再出现。”

在我们能控制消极情绪之前,总无法进入最佳的工作状态。只要是受到情绪支配,就算不上是一个自由人。只有自力振奋的人,才是真正的自由人,才能掌握自己事业和人生的方向。

如果一个人总是抱怨事事均不如意,抱怨生意难做,健康状况不好、贫困,就很容易把一切具有破坏性的消极影响都吸引到自己身上,进而毁灭了自己的进取心。

如果一个女子想拥有完美的身材,迷人的个性,但在她的脑海中,却萦绕着丑陋的形象,她就会自觉面目可憎。如果想成为美丽的女子,就必须在自己的脑中,坚决地把握住完美的理想,并且设法使自己去达到那样的理想;于是,不仅仅在形体上,而且在道德的本性上,就自然会来与这种效力相呼应,最终日趋完美。

假使一个人对自己的能力丧失了信心,而认为机会只属于别人而不属于自己,他怎么会奋发努力呢?当他有了失败的思想时,他就无法坚决地努力把自己从不好的环境中解放出来,他不认为自己能够排除包围在四周的障碍。他找不到恢复自信与自尊的立足点。所以,他能想到的只有贫困,只能固守贫困,然后再愤恨地说:自己为什么如此不幸?

多少人在自己设置的不幸中苟延残喘，勉强地过着疲乏的日子,他们心中有着病态的思想,根深蒂固的病态意识,甚至会造成他们体格上的不健全。譬如说,你自觉已遗传有若干可怕的疾病因子,好比毒瘤之类,你的医师告诉你,在 40 岁以后这病症若无法消失,就可能会表现出来了。于是,你便一直等待着,等候这疾病的症候,那么,最后的结果,可能是一个平常的疼痛,竟成为可怕的毒瘤。

曾经有一个小药店的店主,寻找了许多年,一直想找一个能干一番大事业的机会。他恨自己的小药店,每天早晨一起来,他就希望自己今天能够得到一个好机会。然而,好长时间过去了,机会并没有出现。他郁闷极了,动不动就跑到花园里去散心,而任凭他的药店独自飘摇。

在现实生活中，我们中间的大多数人都不免有点像这个店主。我们看见别人的成功便在无形中生起嫉妒,在这种嫉妒之余,我们常常还会妄自菲薄,总以为别人的工作才是最好的,而自己总是看不到什么希望。我们总是把别人的成功归之于运气好,于是,我们也梦想着那好运能早一天降临到自己的头上。

后来,这个药店的店主战胜了自己这种消极的态度,而他接下来的所作所为,我们可以将其视为榜样。他是怎么做的呢?他的办法其实很简单:无论什么人,不管他们的地位是高还是低,他都主动地去和他们接触。

有一天,他这样问自己:“我为什么一定要把自己的希望、自己未来的奋斗目标寄托在那些自己一无所知的行业上呢？为什么不能在自己现在相对熟悉的医药行业干出一番大事业来呢？”

于是，他下定决心摆脱自己以前的那种怨天尤人的心态，从自己的药店做起。他把自己的这一事业当做一种极为有趣的游戏，以此来促进他生意的发展。他让自己用那种发自内心的热情告诉别人，他是如何尽量提高服务质量使顾客满意，他对药店这一行业有多么热爱。

结果怎样呢？他以自己热诚的有特色的服务赢得了大批忠诚的顾客，使得他的小药店生意兴隆，他的分店几乎在全国遍地开花，以前所未有的速度迅速地占领了美国医药业的零售市场。在当时的美国医药业中，他的公司拥有的分店数量及其规模占全国第二。

查尔斯·瓦格林的医药事业之所以能够成功，有一个小小的秘诀，那就是：如果你能抛弃一切消极的思想，积极投身到工作中去，机会不久便会站在你的门口。关键是，你要把命运之线掌握在自己的手中。

失败面前切忌埋怨沮丧

世上确实有很多不幸的事,有很多值得埋怨的东西。但是,如果我们回过头来想想,世上是根本不可能会有什么十全十美的人、事、物的。如果我们一味地追求完美,抱怨社会,抱怨他人,如果我们一定要等到世上所有条件都完美后才开始行动,那就只好永远等下去了。有的人为什么一辈子都干不了一件事情,原因就在于此。相反,有的人对自己的现状不满,但他却起来行动,力求改变现状,而不是埋怨,结果行动者成功了,而埋怨者却依旧一事无成。

不知道你是否听过桑德斯上校的故事?他是“肯德基炸鸡”连锁店的创办人,你知道他是如何建立起这么成功的事业吗?是因为他是生在富家的子弟,念过哈佛这样著名的高等学府,抑或是在很年轻时便投身于这项事业上?你认为是哪一个呢?

上述的答案都不是,事实上,桑德斯上校于年龄高达65岁时才开始从事这项事业。那么又是什么原因使他在花甲之年做出了如此事业的呢?因为他身无分文且孑然一身,当他拿到生平第一张救济金支票时,金额只有105美元,内心实在是极度沮丧。他不怪这个社会,也未写信去骂国会,而是心平气和地自问:“到底我对人们能做出何种贡献呢？我有什么可以回馈的呢？”随之，他思量起自己的所有，试图找到自己的人生出路。

头一个浮上他心头的答案是：“很好，我拥有一份人人都曾喜欢的炸鸡秘方，不知道餐馆要不要？我这么做是否划算?”随即他又想道：“我真是笨得可以，卖掉这份秘方所赚的钱还不够我付房租呢。如果餐馆生意因此提升的话，那又该如何呢？如果上门的顾客增加，且指名要用炸鸡，或许餐馆会让我从中提成也说不定。”

好点子固然人人都会有，但桑德斯上校之所以能取得巨大的成功，因为他的想法跟大多数人不一样，他不但会想，而且还知道怎样付诸行动。之后，他便挨家挨户地敲，把想法告诉每家餐馆，“我有一份上好的炸鸡秘方，如果你能采用，相信生意一定能够提升，而我希望能从增加的营业额里提成。”

很多人都当面嘲笑他：“得了吧，若是有这么好的秘方，你干吗还穿着这么可笑的白色服装?”这些话是否让桑德斯上校打退堂鼓了呢？丝毫没有，因为他还拥有天字第一号的成功秘诀，那就是“不懈地拿出行动”。每当你做什么事时，必得从其中好好学习，找出下次能做好的更好方法。桑德斯上校确实奉行了这条法则，从不为前一家餐馆的拒绝而懊恼，反倒用心修正说词，以更有效的方法去说服下一家餐馆。

桑德斯上校的点子最后终于被接受，你可知先前他被拒绝了多少次吗？整整 1009 次之后，他才听到第一声“同意”。在过去的两年时间里，他驾着自己那辆又旧又破的老爷车，足迹遍及美国每一个角落。困了就和衣睡在后座，醒来逢人便诉说他那些点子。他为人示范自己炸的鸡肉，经常就是果腹的餐点。历经 1009 次的拒绝，整整两年的时间，有多少人还能够锲而不舍地继续下去呢？真是少之又少了，也无怪乎世上只有一位桑德斯上校。我们相信很难有几个人能受得了20次的拒绝，更别说100次或1000次的拒绝。然而这也正是成功的可贵之处。

如果你好好审视历史上那些成大功、立大业的人物，就会发现他们都有一个共同的特点，不轻易为“拒绝”所打败，不达成理想、目标、心愿，他们绝不会罢休。华特·迪斯尼为了实现建立“地球上最欢乐之地”的美梦，曾向银行融资，可是被拒绝了302次之多。现在，每年有上百万游客享受到前所未有的“迪斯尼欢乐”，这全都源于一个人的决心。

多次去尝试，凭毅力去追求所期望的目标，最终必然会得到自己所要的，千万别在中途放弃希望，或者遭遇挫折后就自怨自艾。

在我们周围，有许多身处逆境中的人，他们当中有的人会为了想脱离逆境而奋斗，有的人却会为了无法克服逆境而堕落下去。当然，获得成功的一定是前者，埋怨沮丧，毁灭自己的则是后者。

如果你遭受挫折时便放弃，不再努力了，那么你就绝不会胜利。失败者总是说：“你要是尝试失败的话，就退却、停止、放弃、逃跑吧，你不过是无名小辈。”千万不要听信这种没有志气的劝告。成功者对此从来都不加理会，他们在失败时总会再去尝试。他们会对自己说：“这是一条难以成功的道路，现在让我再从另一条路上去尝试吧。”

一个人如果满足于他已有的，就不会再有什么需求，而伟大人物和庸人最大的区别就在此。庸人有了不满，只知道呆坐呻吟，埋怨自己的境遇不佳；伟人则去努力改造环境。

失败本是人生难免的事，在对待失败时，勇敢地去面对它，只要尽了力，便可问心无愧。另一方面，探寻失败的原因，也要用正大磊落的态度，别人才会对你的作为给予理解并给予必要的帮助。

研究失败者，你会发现他们都患有一个通病，那便是自怨自艾，怨天尤人。他们埋怨失败路上的一切，其中最糟糕的莫过以健康、智力、年龄和运气等为借口。越是成功的人，越不会自怨自艾，怨天尤人。而那些停滞不前的人却总是抱怨时运的不好、社会的不公、世态的炎凉。

研究成功者的生活，你将发现，所有通常人所找的借口，在这些成功者的生活中荡然无存。每一位获得极大成功的企业家、军事家以及其他领域里的专家和领袖，都可找出一个或更多的借口来怨天尤人、停滞不前。罗斯福可以因他的毫无生命力的双腿而沮丧；杜鲁门可说他该受高等教育；肯尼迪能发现"作为一名总统，我实在太年轻了"；艾森豪威尔亦可因其心脏不好而毫无建树，但是他们没有这样。

如果我们以积极、快乐的言论告诉自己，并努力试着向这样的方向去做，我们会逐步摆脱沮丧的困境，成为一名成功者。

不要让自己长久地囿于沮丧之中，那只会让你做出一些加重自己沮丧感的行为，就像一名罪犯所说："反正我会因为从前的罪行而坐牢，所以多犯几次罪也无妨。"你不要总是让过去的事情及远去的感觉拖着你一步步走向绝望的边缘，你所受的痛苦使你以自己的方式去解释过去的事从而作用于你的心灵。

要主动地控制你的行为，使你沮丧的不是已经发生过的事，而是你自己，是你对过去种种挫折的看法。挫折使你沮丧，沮丧使你降低对自己的自我评价，于是你天性中的许多潜能因此而大打折扣，无法充分显现出来。事实上，你不必把指责之箭对准自己，学会原谅自己，原谅他人，否则只会伤害自己。永远地埋葬过去，而不必沉湎于过去的挫折。失败的经验会成为一个人重新获得成功的筹码，但失败的自责只会让人一事无成。

生活对待每个人都是公平的。人人都有本难念的经,你的痛苦与愧疚会令你难过。他的痛苦和愧疚同样也令他难过。其中受伤害的程度并没有大小之分。也许你觉得沮丧,但你一样可以活下去。

一位成功人士这样说道:“悲伤有两种,当一个人不断地回想所遭遇的不幸,当他畏缩在角落里对援助感到失望时,那是一种不好的悲伤;另外一种是真诚的悲伤,出现于一个人的房子被付诸一炬,他感到内心深处的需要,于是开始重新建房子的时候。”

别让沮丧抓住你,即使落入井中,还有满天星光做伴。

我们一再强调你对于挫折所抱持的心态,不知你发现没有,你是否能够掌握积极、快乐的心情对你的成功具有决定性的影响,你可以把挫折看成一种“失”,但你也可以把它看成是一次“得”的机会。

当我们遇到一些挫折时,心里一定会很矛盾,我们会面对到底要不要继续做下去的困扰。在这种情况下,最好是抛开埋怨与沮丧,放手去干,这样,离成功就不会太远。

微笑能够增加你的魅力

在一些不熟悉的场合，当别人友好地看着你时，你微微一笑，那么人与人之间的关系就不会显得紧张，反而变得自然。而且，平和的微笑最能给人留下深刻的印象。著名的演说家和交流高手彼得·泰格说："就连最懒惰的人，也懂得微笑。因为他知道，微笑比皱眉牵动的肌肉要少得多。"微笑，蕴含着丰富的含义，传递着动人的情感。

RMI 公司是美国一家非常有名的大公司，它位于美国俄亥俄州。有一段时间，这个公司的生产滑坡，工作效率低下，利润上不去。公司想了许多办法，都没有扭转这种局面。

后来，公司派丹尼尔任总经理。丹尼尔一上任，便在工厂里到处贴上这样的标语："如果你看到一个没有笑容的人，请把你的笑容分些给他"、"任何事情只有做起来兴致勃勃，才能取得成功"，标语下面都签着丹尼尔的名字。他还把工厂的厂徽改成一张笑脸。平时，丹尼尔率先垂范，他总是春风满面的样子，见到工人像见到自己的亲人一般亲切地打招呼，征询他们的意见，并且他能毫不费力地叫出每个工人的名字。

在丹尼尔的笑脸管理下，3 年后，工厂在没有增加任何投资的情况下，生产效率却提高了80%。《华尔街日报》在评论他的笑脸管理时称，这是“纯威士忌＋柔情的口号、感情的交流和充满微笑的混合物”。美国人也把丹尼尔的这个方法叫做“俄亥俄州的笑容”。

俗话说得好：“眼前一笑皆知己，举座全无碍目人。”微笑是我们这个星球的通用语言，不论走到哪里，都要带着微笑。微笑是一种真实的表白，是一种发自内心的热情。行为胜于言语，对人微笑就表明你愿意接受这个人，此时的微笑确是无声胜有声。

的确，没有人能轻易拒绝一个笑脸。笑是人类的本能，因此微笑就成了两个人之间最短的距离，具有神奇的魔力。真诚的微笑是交友的无价之宝，是社会的最高艺术，是人们交往的一盏永不熄灭的绿灯。

不仅对别人如此，微笑对于自己来说也是非常有好处的。脸上的表情反映了我们内心的情感。一个不喜欢微笑的人，一定是经常生活在压力之下、痛苦之中。只有真正自信和快乐的人，才会有发自内心的微笑。

可以说，在实际的生活中，微笑是一种万能剂。可以使我们消除忧愁，微笑可以使我们获得友谊。更重要的是，微笑可以增强我们的自信心。

在一个适当的时候、适当的场合，一个小小的微笑可以创造奇迹，可以使陷入僵局的事情豁然开朗，更可以让你的愿望得以轻松实现。

有句谚语说：“一家无笑脸，不要开小店。”美国的希尔顿饭店名扬五洲，是世界上最富盛名和财富的酒店之一。董事长康拉德·希尔顿说：“如果我的旅馆只有一流服务，而没有一流微笑的话，那就像一家永不见温暖阳光的旅馆，又有什么情趣可言呢?”他还总结说：

微笑是最简单、最省钱、最可行、也最容易做到的服务，更重要的是，微笑是成本最低、收益最高的投资。一次，他要求员工不管多么辛苦，多么委屈，都要记住任何时候对任何顾客，用心真诚地微笑。正是微笑，给希尔顿带来了繁荣。

美国许多企业的经理宁愿雇用一位中学未毕业却有着迷人笑脸的年轻人，而不愿聘请一个满脸“尊严”的哲学博士。卡耐基在他的《人性的弱点》一书中介绍了一个从微笑中获得成功的例子：

纽约百老汇大街证券交易所有名的经纪人斯坦哈特一向严肃刻薄、脾气暴戾，以致他的雇员、顾客甚至太太见到他都唯恐避之不及。后来，他请教了一位心理学家，学会了微笑，一改旧习，无论在电梯上还是在走廊中，无论是在大门口还是在商场里，逢人三分笑，像普通的职员一样虔诚地与人握手。结果，斯坦哈特不仅和妻子和睦相处，相亲相爱，而且商场顾客盈门，生意兴隆。从这个意义上说，微笑带来的就是利润。

微笑就像一抹宜人的春风，微笑拉近人与人之间的距离，让人与人之间的交流更加亲切自然，要圆润为人不要忘了微笑。

不要把情绪带到工作中

一个人的成功，20％依赖智商，80％依赖情商。若你想在职场上取得成功，你就必须学会控制自己的情绪。如果你总把情绪带到工作中，就不可能成为一名优秀的员工。

王丽是一家大型购物中心的售货员，一天，她和朋友吵了一架，心情特别不好。上班后看这也不顺眼那也不顺眼，总想发火。这时有位顾客走到她面前，要求看一些商品。王丽装作没听见，置之不理。顾客又接连说了几遍。王丽终于忍不住大声嚷道："喊什么喊，等一下。"顾客听后非常生气，直接反映到值班经理那里。结果，王丽差点被炒了鱿鱼。

我们要在工作中学会克制，当心情不好的时候，千万不要挂在脸上，表现于行动中。情感波动时，经常会干出一些不理智的事情，等事情过去后又后悔万分。再者，带着情绪工作，你就会进入沮丧——出错——倒霉的恶性循环的怪圈。因为，带着情绪工作，往往会导致工作失误，给公司带来利益损失，老板就会追究责任，追究的结果自然是出现工作失误的你受批评、被处分，甚至被老板解雇。

许多人以为在工作中宣泄情绪是正常的事情，最多对工作造成

影响，对公司造成损失。其实损失最大的是你自己，你把自己不成熟不负责任的负面形象印在了同事和老板的心中。所以，无论你遇到什么不如意的事，都不要把情绪带到工作中去，要懂得调整心态。职场处处有难题，遭遇不顺的绝不只你一个人，没有必要整天苦着脸上班。

态度决定一切。只要你愿意，你完全有能力在工作中保持愉快的心情；只要你愿意，你就会发现，笑也会创造奇迹。

微笑让你锦上添花

有句谚语说得好:微笑是缩短两人之间距离的最佳良方。微笑是人际交往的必备品,更是生活美妙的调味剂,微笑的世界就是天堂,一个没有笑的世界与人间地狱无异。

一个善于通过笑容加上恰到好处的眼神表达美好感情的人,可以使自己富于迷人的魅力,也可以感染他人,引来情感上的共鸣。人际交往中多一些敬重,多一些宽容和理解的表情,会让自己显得更美、更具风度。微笑是温暖的阳光,微笑是和煦的春风,将微笑当作礼物,慷慨地、温暖地、像春风一样、像春雨一样奉献,使人们感到亲切、愉快。微笑是促进你职场成功的必要手段。

在巴黎的一个宴会上,有一位刚获得一大笔遗产的妇女。她急于表现自己的富有和荣耀,就在黑貂皮大衣、钻石和珍珠上面浪费了好多金钱。

但是她对自己的脸却没下什么功夫,表情冷漠、自私。

一位男子走过来说:“亲爱的,你已经非常漂亮了,但如果你能够在脸上再多一点点微笑,那将使你的美丽锦上添花。”

是的,微笑让你锦上添花,当真诚的、善良的微笑展现在你的脸

上时，没有人会不乐意和你亲近。

多数人都喜欢“和煦的春风”，这是由人的本性决定的，同样职场也一样。时时保持微笑、表情平和，别人自然喜欢接近你。“相由心生”，职场中，如果时时对别人保持微笑，日积月累后，就会形成一种新“面貌”，得到周围人的赏识。你在改变自己的同时，也感染了别人，你的同事关系会越来越和谐。

同样，微笑可以打破上下级彼此之间的地位差别，上行下效更加畅通，可以提高工作效率；微笑对待客户可以消除互相的疑虑，使双方利益均能得到体现，使合作更加愉快。

微笑不仅愉悦自己，更重要的是愉悦了别人，使竞争激烈的职场多了几缕春风，更使人与人之间的距离缩小了许多。不管是员工还是老板，将他们置于这种轻松的气氛中，心情必定会一碧万顷，如沐春风。个人的奋斗就会少一分处心积虑，多一分从容镇定，彼此间的矛盾自然会“烟消云散”。微笑的战略也会带来无穷的商机，成为一种最富魅力、独具特色的经营理念，被广泛地应用着。要想成为一名优秀的员工，微笑必不可少，使自己所处的环境多些轻松，少些疲惫，这也是一种独辟蹊径的工作方法，效果比平常的麻木冷漠强了很多。

展露你友善的微笑吧，在微笑中你将看到成功也微笑着走向你。

看淡职场的起起落落

太看重职场的升迁，并因此而苛求自己，是一种非常不明智的行为。

有个人一心一意想升官发财，可是从年轻熬到白发，却还只是个小公务员。这个人为此极不快乐，每次想起来就掉泪，有一天竟然号啕大哭。

办公室有个新来的年轻人觉得很奇怪，便问他到底因为什么难过。

他说："我怎么不难过?年轻的时候，我的上司爱好文学，我便学作诗、学文章，想不到刚觉得有点小成绩了，却又换了一位爱好科学的上司。我赶紧又改学数学、研究物理，不料上司嫌我学历太浅，不够老成，还是不重用我。后来换了现在这位上司，我自认文武兼备，人也老成了，谁知上司喜欢青年才俊，我眼看年龄渐高，就要退休了，可是一事无成，怎么不难过?"

故事里的主人公为了迎合上司，不断改变自己去适应新的形势，可是就是赶不上，最后一事无成，以一个小公务员的身份熬到快要退休的地步。

他弄到这般地步，原因是多方面的。在各个时代，这种事情都是不少的。

汉代有一位冯唐，在汉文帝的时候，他很年轻，而汉文帝喜欢老年人，所以未被重用。到了汉景帝的时候，汉景帝喜欢年轻人，可是冯唐此时已经老了，所以还是没有得到重用。后来汉武帝即位，看到能干的冯唐，问他为什么才做到像现在的样子，冯唐说了原委。汉武帝封他为郎。后来就有了“冯唐易老，李广难封”的名句。

“木秀于林，风必摧之，行高于人，众必毁之”。有能力的人往往不得志，“报国无门”，这事古已有之。对于职场的起起落落，应以平常之心对待，太过于在意，反而会失去人生的真正乐趣与意义。

用微笑钓鱼

两个钓鱼高手一起到池塘垂钓。这两人各凭本事，一展身手，隔不了多久的工夫，皆大有收获。

忽然间，池塘附近来了10多名游客。看到这两位高手轻轻松松就把鱼钓上来，不免感到几分羡慕，于是都在附近去买了钓竿来试试自己的运气如何。没想到，这些不擅此道的游客，怎么钓也是毫无收获。

话说那两位钓鱼高手，俩人个性完全不同。其中一人孤僻而不爱搭理别人，单享独钓之乐，而另一位高手，却是个热心、豪放、爱交朋友的人。爱交朋友的这位高手，看到游客钓不到鱼，就说："这样吧！我来教你们钓鱼，如果你们学会了我传授的诀窍，而钓到一大堆鱼时，每十尾就分给我一尾，不满十尾就不必给我。"双方一拍即合，欣表同意。

教完这一群人，他又到另一群人中，同样也传授钓鱼术，依然要求每钓十尾回馈给他一尾。

一天下来，这位热心助人的钓鱼高手，把所有时间都用于指导垂钓者，获得的竟是满满一大篓鱼，还认识了一大群新朋友，同时，

别人左一声“老师”,右一声“老师”,他备受尊崇。

同来的另一位钓鱼高手,却没享受到这种乐趣。当大家围绕着其同伴学钓鱼时,那人更显得孤单落寞。闷钓一整天,检视竹篓里的鱼,收获也远没有同伴的多。

人生就如同钓鱼。用微笑钓鱼,好过用渔竿钓鱼。

倘若你一个人静静钓鱼却不曾仰望蓝天,那么,你终会发现原来你收获的鱼儿实在太少。也许,一个微笑对蓝天,很多美丽的鱼儿便会涌向你的怀抱。

跟陌生人说话

父亲总是嘱咐子女不要跟陌生人说话，尤其是在火车、大街等公共场合。母亲对父亲给予子女们的嘱咐总是随声附和，但是在不跟陌生人说话这条上却并不能率先履行，而且恰恰相反，她在公共场合，最喜欢跟陌生人说话。

有一次，我和父母回四川老家探亲。在火车上，同一个卧铺里的一位陌生妇女问了母亲一句什么，母亲就热情地答复起来，结果引出更多的询问，她也就更热情地絮絮作答。我听母亲把有几个子女，都怎么个情况，包括我在什么学校上学什么的，都说给人家听，急得我用脚尖轻轻踢母亲的鞋帮，母亲却浑然不觉，乐呵呵一路跟人家聊下去。母亲的嘴不设防，总以善意揣测别人，哪怕是对旅途中的陌生人，也总报以一万分的友善。

有一年冬天，我和母亲从北京坐火车到张家口去，坐的是硬座，对面有两个年轻人，面相很凶，身上的棉衣破洞里露出些灰色的棉絮。没想到，母亲竟去跟她对面的小伙子攀谈，问他手上的冻疮怎么不想办法治治，说每天该拿温水浸它半个钟头，然后上药。那小伙子冷冷地说："没钱买药。"还跟旁边的小伙子对了对眼。我觉得不妙，

忙用脚尖碰母亲的鞋帮。母亲却照例不理会我的提醒，而是从自己随身的提包里摸出一盒如意膏，打开盖子，用手指剜出一些，要给那小伙子手上有冻疮的地方抹药膏。小伙子先是要把手缩回去，但母亲的慈祥与固执，使他乖乖地承受了那药膏，一只手抹完了，又抹另一只，他旁边那个小伙子也被母亲劝说得抹了药。母亲一边给他们抹药，一边絮絮地跟他们说话，大意是这如意膏如今药厂不再生产了，这是家里最后一盒了，这药不但能外敷，感冒了，实在找不到药吃，挑一点用开水冲了喝，也能顶事……末了，她竟把那盒如意膏送给了对面的小伙子，嘱咐他要天天抹，说是别小看了冻疮，不及时治好，抓破感染会得上大病症。她还想跟那两个小伙子聊些别的，那俩人却不怎么领情，含混地道了谢，似乎是去上厕所，竟一去不返了。火车到张家口，下车时，站台上有些个骚动，只见警察押着几个抢劫犯往站外走。我眼尖，认出里面有原来坐在我们对面的那两个小伙子。又听人议论说，他们这个团伙原来是要在3号车厢动手，什么都计划好了的，不知为什么后来跑到7号车厢去了，结果事情败露被逮住了……我不由得暗自吃惊：我和母亲乘坐的恰好是3号车厢。看来，母亲的善良感动了那两个抢劫犯，他们才没对我们下手。

母亲晚年有段时间住在我家，有时她到附近街上活动，那跟陌生人说话的旧习依然未改。街角有个从工厂退休摆摊修鞋的师傅，她也不修鞋，走去跟人家说话，那师傅就请她坐到小凳上聊。他们从那师傅的一个古旧的顶针聊起，两人越聊越近。原来，那清末的大铜顶针是那师傅的姥姥传给他母亲的，而我姥姥也传给我母亲一个类似的顶针。聊到最后的结果，是那丧母的师傅认了我母亲为干妈，而我母亲也把他带到我家，俨然亲子相待。我和爱人孩子开始觉得母亲多事，但跟那位干老哥相处久了，体味到了一派人间淳朴真情，也就都感谢母亲给我们的生活增添了丰盈的乐趣。

现在父母去世多年了。母亲和陌生人说话的种种情景，时时浮现在心中，浸润出丝丝缕缕的温馨。但我在社会上为人处世，仍恪守着父亲那不跟陌生人说话的遗训，即使迫不得已与陌生人有所交谈，也一定尽量惜语如金，礼数必周而戒心必张。

前两天在地铁通道里，听到男女声二重唱的悠扬歌声，唱的是一首我青年时代最爱哼吟的歌曲，那饱含真情、略带忧郁的歌声深深打动了我。走近歌唱者，发现是一对中年盲人，那男的手里捧着一只大搪瓷缸子，不断有过路的人往里面投钱。我在离他们很近的地方站住，想等他们唱完最后一句再投钱。他们唱完，我向前移了一步，这时那男士仿佛把我看得一清二楚，对我说："先生，跟我们说句话吧。我们需要有人说话，比钱更重要啊！"那女的也应声说："先生，随便跟我们说句什么吧！"

我举钱的手僵在那里，心里涌起层层温热的波浪，每个浪尖上仿佛都是母亲慈爱的面容……母亲的血脉跳动在我喉咙里，我意识到，生命中一个超越功利防守的甜蜜瞬间已经来临……

生命如此短暂

一天，一名旅行者来到一个地方。不远处，一条小路蜿蜒而上，隐没在绿色的树林中。他循路走去，来到一道栅栏前。木门敞着。他顺着石铺的小径继续前行。

在荫翳蔽日的树林间散落着白色的石头。旅行者弯下腰来仔细端详，石头上刻有字迹：阿布杜尔塔史格，活了8年6个月零3天。当他意识到这是一块墓碑时，心里不免一颤，一个孩子这么小就死了。他又转向另一块石头，上面刻着：亚米尔卡利贝，活了5年8个月零3个星期。看看周围，好像都是墓碑，原来这是一块墓地。他又继续读了几块墓碑，都是一样的形式：一个名字，一个生活的时间。时间最长的也只有11年。他们的生命真是太短暂了，旅行者悲伤地哭了起来。

听到哭声，一个老人走了过来。他是负责看守这块墓地的。旅行者问：

“这里是不是发生过什么灾难？为什么这些死者全都是孩子？还是这里面有什么可怕的咒语？”

老人笑了笑说：“别害怕。这里没发生过什么灾难，也没有什么可怕的咒语。我们这里有一个古老的习俗：当一个人长到15岁时，父母会给他一个本子。从此，每当遇到快乐的事情时，他就打开本子，把它记下来。在左边写上是什么快乐，右边写上这快乐持续了多长时间。比方说，他遇到了未婚妻，陷入热恋，他们相识的快乐持续了多长时间，是一个星期还是三个星期；他第一次亲吻她；他的妻子怀孕了，第一个孩子出生了；他出门旅游；他在异乡遇到了旧识。这些都带给他多长时间的快乐，是几小时还是几天？就这样一点一点地，他在本子上记下了他经历过的每一次快乐。当他离开人世的时候，按照我们的风俗，人们打开他的本子，把他快乐的时间加在一起，算出总和，然后把这个时间刻在他的墓碑上。在我们看来，这个时间才是真正属于一个人生命的时间。”

每天给自己一个希望

有位医生，素以医术高明享誉医学界。他的事业蒸蒸日上，但不幸的是，就在某一天，他被诊断患有癌症。这对他不啻当头一棒。一度，他曾情绪低落，但后来他不但接受了这个事实，而且他的心态也为之一变，变得更宽容、更谦和、更懂得珍惜他所拥有的一切。在勤奋工作之余，他从没有放弃与病魔搏斗。就这样，他平安地度过了好几个年头，到现在，他依然活得很快乐。有人惊讶于他的奇迹，问是什么神奇的力量在支撑着他。这位医生笑盈盈地答道：是希望，几乎每天早晨，我都给自己一个希望，希望我能多救治一个病人，希望我的笑容能温暖每个人。

这位医生不但医术高明，他做人的境界也很高。在这个世界上，有许多事情是我们难以预料的。但是我们不能控制机遇，却可以掌握自己；我们无法预知未来，却可以把握现在；我们不知道我们的生命到底有多长，却知道自己该怎样选择生活；我们左右不了变化无常的天气，却可以适时调整我们的心态。只要活着，就有希望；只要每天给自己一个希望，我们的人生就一定不会失色。

每天给自己一个希望，哪怕这个希望小得不能再小，只要我们有信心有恒心去追求它去实现它，我们不但会收获快乐，而且会让人生不断丰盈。每天给自己一个希望，就是给自己一个目标，给自己一点信心，给自己一点战胜自我的勇气。希望是什么？是引爆生命潜能的导火索，是激发生命激情的催化剂。每天给自己一个希望，我们将活得生气勃勃、激情澎湃，哪里还有时间去叹息去悲哀，将生命浪费在一些无聊的事情上？

生命是有限的，但希望是无限的。只要我们不忘记每天给自己一个希望，我们就一定能够拥有一个丰富多彩的人生。

逐太阳下山

一个船夫摇着一只小船在大海中行驶，浪花不断地向小船涌来，小船随着波浪微微地荡漾。一只海鸥栖在船夫的肩头，对他说："你多幸福啊，大海摇荡着你，就像在打秋千似的。"

船夫听了，摇摇头笑着说："不对，是我在摇荡着大海！你看，大海的波涛都被我摇起来了。"

所谓的大与小、强与弱，很多时候都是依照人们的感官和习惯定论的。只要你不甘示弱，那么，弱小又从何谈起呢？

晏子使楚的故事人人皆知：晏子身材矮小，楚人为了戏弄他，在城墙大门一侧造了一个小门，让他进来。晏子不进，道："使狗国者，从狗门入；今臣使楚，不当从此门入。"寥寥数语，犀利尖锐，让楚国自取其辱，只得开大门让其通行。身材矮小，但心不能小，睥睨对方的勇气与信念不能小。试想，要是晏子当初一言不发地从小门进去了，又怎么会留下这彪炳千古的史话？

面对即落崦嵫的夕阳，失意的人往往怅惘沮丧不已，可是对于那些积极乐观向上的人来说，却不是这样——

"我向天涯走一步，天涯向后退一步。太阳不是自己落下山去的,而是我把它逐下去的,看看我的力量有多大!”

说得真好,只要你向前走,天涯就会往后退,在你昂然自信的步伐面前,天神都对你畏惧。

所以再不要说自己怎样微小,你的心里原本就蕴藏着无坚不摧的力量,它不仅能使大海起浪,山林震撼,还能把太阳逐下山去!

倾听的意义

一个在飞机上遇险大难不死的美国男人回家却自杀了，原因何在？

那是一个圣诞节，一个美国男人为了和家人团聚，兴冲冲从异地乘飞机往家赶，一路幻想着团聚的喜悦情景。恰恰老天变脸，这架飞机在空中遭遇猛烈的暴风雨，飞机脱离航线，上下左右颠簸，随时有坠毁的可能。空姐也脸色煞白，惊恐万状地吩咐乘客写好遗嘱放进一个特制的口袋。这时，机上所有的人都在祈祷。也就在这万分危急的时刻，飞机在驾驶员的冷静驾驶下终于平安着陆。

这个美国男人回到家后异常兴奋，不停地向妻子描述在飞机上遇到的险情，并且满屋子转着、叫着、喊着。然而，他的妻子正和孩子兴致勃勃地分享着节日的愉悦，对他经历的惊险没有丝毫兴趣。男人叫喊一阵子，却发现没有人听他倾诉，他死里逃生的巨大喜悦与被冷落的心情形成强烈的反差。在妻子去准备蛋糕的时候，这个美国男人却爬上阁楼，用上吊的古老方式结束了从险情中捡回的宝贵生命。

生活中，一些热线节目异常火爆，就因为它缓解了倾诉者心中的压抑，假如热线那端不懂倾听，它还会那么招人喜爱吗？其实，夫妻间何尝不是如此。懂得倾听，不仅是关爱、理解，更是调节双方关系的润滑剂。每个人在烦恼和喜悦后（特别是深层次的烦恼和巨大的喜悦后）都有一份渴望，那就是对人倾诉，他希望倾听者能够给予理解抑或共同分享。然而，那位美国男人的妻子没有做到，或是她本身就不懂，所以导致了悲剧的发生。

你不必完美

我们当然应该努力做到最好，但人是无法要求完美的。我们面对的情况如此复杂，以致无人能始终都不出错。

好几次，当我必须告诉我的孩子们我在某件事上做错了时，我多害怕他们不再爱戴我。但我非常惊奇地发现，他们因为我愿意承认自己的错误而更爱我。比较起来，他们更需要我诚实、正直。

然而，有时人们并不能正确对待自己的过失。也许我们的父母期望我们完美无瑕；也许我们的朋友常念叨我们的缺点，因为他们希望我们能够改正。而他们难以谅解的是因为我们的过失总在他们最脆弱的时候触痛了他们的心。

这让我们感到负疚，但在承担过错之前，我们必须问问自己，那是否真是我们应背负的包袱。

我是从一个童话中得到启示的。一个被劈去了一小片的圆想要找回一个完整的自己，到处寻找自己的碎片。由于它是不完整的，滚动得非常慢，从而领略了沿途美丽的鲜花，它和虫子们聊天，它充分地感受到阳光的温暖。它找到许多不同的碎片，但它们都不是自己原来的那一块，于是它坚持着找寻……直到有一天，它实现了自己的心愿。然而,作为一个完美无缺的圆,它滚动得太快了,错过了花开时节,忽略了虫子。当它意识到这一切时,它毅然舍弃了历尽千辛万苦才找回的碎片。

这个故事告诉我们:也许正是失去,才令我们完整。一个完美的人,在某种意义上说,是一个可怜的人,他永远无法体会有所追求、有所希冀的感觉,他永远无法体会爱他的人带给他某些他一直求而不得的东西的喜悦。

一个有勇气放弃他无法实现的梦想的人是完整的;一个能坚强地面对失去亲人的悲痛的人是完整的——因为他们经历了最坏的遭遇,却成功地抵御了这种冲击。

生命不是上帝用来捕捉你的错误的陷阱。你不会因为一个错误而成为不合格的人。生命是一场球赛,最好的球队也有丢分的记录,最差的球队也有辉煌的一天。我们的目标是尽可能让自己得到的多于失去的。

当我们接受人的不完美时,当我们能为生命的继续运转而心存感激时,我们就能成就完美,而别的人却渴求完美——当他们为完整而困惑的时候。

如果我们能勇敢地去爱、去原谅,为别人的幸福而慷慨地表达我们的欣慰,理智地珍惜环绕自己的爱,那么,我们就能得到别的生命所不曾获得的圆满。

请欣赏别人

生活里常可见到这样的场面——两个年轻的妈妈在聊天，甲乙都说我的孩子怎么怎么样。她们的心里都充满对方欣赏自己孩子的渴望，但忘了自己也该去欣赏对方的孩子。

一场演出刚完，全体演员拉着手排着队出来谢幕，但观众却已走了一半，剩下的也拥挤着往外走，掌声稀稀落落。其实演出成功，观众也满意，但就是不鼓掌。真为演员们难过，他们所要求观众的，不就是稍慢一点走，鼓一下掌吗？观众为什么就不能满足他们的要求，表示一下对他们演出的欣赏呢？

人们总是很吝啬对别人的欣赏。

其实欣赏别人有什么不好呢？几下掌声，几句赞誉，或者一个眼神一个微笑也可以。但别人却会从你的欣赏里，得到了对自我的肯定，得到了鼓励、欢乐、信心和力量。欣赏的力量是神奇的。

有一个中学生高考失败，万念俱灰，于是，带上所有储蓄出去旅游，预备花光钱就自尽。半路遇上两个小孩儿溺水，他奋勇救助，观者无不为他的勇气和出色的泳技鼓掌。小孩儿的父母更是拉他到家中，感谢之余，赞叹不已。他不禁热泪盈眶，从别人的赞赏中，重新认识了自我，觉得生活还是值得留恋的，于是轻松地踏上了归途。

我有一个很好的朋友，常常捧着我那只能“发表”在本子上的习作欣赏，一番点评之后，是一句“这里有黄金”，包含了所有的期待和鼓励，使我战胜自卑，练笔不止。

欣赏不同于阿谀，它是出于真诚，它是对别人人生意义的肯定，它是一种高尚的情操，是一种现代人应该具备的修养。

伟大的发明、杰出的成就固然值得欣赏，但普普通通的一个巧思、一个小小的创见，甚至一件漂亮的衣服、几句机智的玩笑，都同样值得欣赏，只要我们敞开胸襟，我们就一定会发现，周围竟有许多东西值得我们欣赏。

米歇尔曾是法国摩托车队队员。8年前，他与一位中国姑娘结婚后来到中国，他自筹资金组建了中国摩托车队，由他任队长和教练，他的队员都是一些普通的摩托车运动爱好者，许多人还是上班族，他们只能利用业余时间来进行训练。

车队组建后的第二年，也就是1998年，米歇尔和队员代表中国参加了国际摩托车大赛，在45支参赛队伍中名列倒数第一名。但车队在2000年上升至第15名，到2001年又进入了世界前三强，在2002年和2003年则均获世界第一名。

在强手如云的世界摩托车队伍里，没有雄厚的资金，没有专业的车手，米歇尔和他的车队是怎样创造了这个奇迹的呢？在中央电视台“体育频道”的记者采访时，米歇尔并没有谈他怎样带领队员克服困难、勤学苦练之类的事迹，他只谈了一点，他说成功源于他有一个热情投入生活和工作的秘诀，那就是绝不让自己不愉快情绪延续的时间超过5分钟。米歇尔举例说，他每次与人争吵后，马上走开独自静一静，只要过了5分钟，不论谁有理谁无理，他都会主动去赔礼道歉，同与他争吵的人重归于好，消除烦恼，重新找回快乐的心境和

友好的氛围。

烦恼就像一根打了结的绳子，一头牵着自己，一头牵着他人。我们越是和烦恼过不去，这个结就会越“牵”越紧，烦恼就越来越多。如果为了这些烦恼而消耗我们大量的精力和时间，破坏和谐友好的工作氛围，我们怎么能热情地、全力以赴地投入到工作中去呢？又怎么能较快地获得梦想中的成功呢？让烦恼只留5分钟，这正是及时解“结”的好办法，也是快速走向成功的重要保障。只要主动及时地解开自己心中的“结”，他人心中的“结”自然也没了。

烦恼只留5分钟，这是米歇尔取得成功的秘诀，同样也可以成为我们每个人获取成功的秘诀。

最美的理由

我是西藏野战部队的一名军人，一次徒步到宽阔的草原上进行野外作战训练。傍晚时部队准备安营扎寨，正在这时，我看到30米开外有一个放羊的藏族小男孩也在忙着搭帐篷。小男孩十三四岁的样子，高原红使他的小脸红扑扑地透着黝黑而原始的健康。

大概是这地方穷困的缘故吧，小男孩身上的衣服已经旧得看不出是什么颜色了，但是他忙活起来却非常快乐。看得出，他还是个没长大的孩子。

小男孩看见我们，用藏语高喊道："金珠玛米亚格嘟!"(汉语译为："解放军叔叔好!")我们互相对笑着问候，然后各自继续搭帐篷。虽然只是个暂时栖身之所，但一点点地拉起绳子，打下木桩，也用了不少功夫。

由于白天部队强化训练，晚上我们睡得无比香甜。疲惫，加上芬芳的花香，轻抚的微风，我们连梦都没做，天就亮了。

一早起来，却发现了一件奇怪的事情。放羊小男孩的帐篷离我们足足远了60米!难道是地壳在运动？我们摇了摇头，不可能。于是我们走了过去，小男孩早就起来了，正在拆帐篷，看到我们，笑了，露

出一口白得发亮的牙齿。

“你的帐篷,昨天不是在那里吗?”我们怕他听不懂汉语,所以边讲边比划。

“对呀!”还好,他能听懂。

“那你今天早晨怎么会在这里呢? 你又重新搭的帐篷? ”

“是啊!”小男孩笑嘻嘻地回答。

我们不理解了,即便是我们这样身强力壮的军人男子汉,也用了近一个小时才搭好帐篷,那他为什么要挪走已经搭好的帐篷呢?

“为什么? ”我们真的想知道!

小男孩依旧笑盈盈地看着我们,仰着红扑扑的小脸蛋不慌不忙地回答说:“你们没发现这边的花儿开得更香、更大、更美吗? ”

虽然战友们说这不是最充分的理由,但对我来说,却是最美丽的理由。这是我在军营记忆最深的一件事,超过了任何壮美而绚烂的风景。当我们像蜜蜂一样忙碌得疲惫不堪的时候,我想到的只是搭建一个棚,快点钻进去,放松两条铁棒一样的腿,美美地睡上一觉。而那个小男孩将搭好的帐篷返工,却是为了可以在更美的花儿旁边,闻着花香入睡。听起来多么不像一个理由啊,却真的是一个最美丽的理由。

这时我想起正在大兴土木的家,想起为了装修房子累得焦黄消瘦的妻子,就想马上打电话告诉她,不要再装修了,最美的家,不是装修出来的。最美的家,一直在我们的心里,就是对生活的热爱。

“你没发现这边的花儿开得更大、更香、更美吗?”转业回家后我也时常这样问自己。

坏事拎起来，好事放一边

一个人在等红灯的时候，突然随地吐了一口痰。那么，你会对他留下什么印象呢？相信大多数人对他吐痰印象很深，却不记得他遵守了交通规则。

我们在认识他人的时候，对正负信息形成的印象总是不均等，事实上，我们对一个人做的坏事远比好事更加清楚。这就是“负性效应”带给我们的错觉。

不是吗？一位导演，就算一直洁身自好，只要一部烂片，就足以毁掉自己的声誉；一位朋友，就算一直忠贞不贰，只要背后说你一次坏话，就足以让你恨之入骨；你的老公，就算一直对你倾心付出，只要有一点没满足你，你就恨不得对他拍桌子……

你总是把别人偶尔的“坏”记得牢牢的，却把他一以贯之的“好”抛之脑后。当别人布下“好”的时候，你觉得那不过是理所应当的事：“我对他也不差啊！”在别人偶尔出现“坏”的时候，你却不平了：“他怎么能这样对我！”

记恨通常就是这样产生的。

一位女友，说起上司总是怨声载道，总之，上司就是挑剔蛮横、

故意找茬儿的典型。终于有一天,有人忍不住了,问她能不能举三件上司做过的好事,她支吾半天,也没完成任务。她的上司真的就是一个恶上司吗? 我觉得未必,只是当女友开始从“负面”界定上司的时候,上司身上的一些小毛病都成了祸端,小失误也成了借口,好事也充满多义性,上司在她心里就别想翻身。

生活中也一样。一件事情、一个人一旦在你心里定了性,想重写都难。

你因为一件小事和朋友断了往来,当时是痛快的,以后念起别人的好,可是那些说过的狠话总是隔在两人中间,怎么也迈不过去;你因为家务琐事和老公闹了别扭,当时是不管不顾的,可是当你想再回头去讲和时,可能已是冰火两重天;你因为一时冲动对上司拍了桌子,想到大家都是为了工作,再去道歉时,就算别人网开一面,对你这个人也有了看法。

所以,极端的情绪通常蕴藏一些东西。很多事情,并不是那么十恶不赦,只是当你情绪失控的时候,总觉得事态很严重,严重到你必须采取一种极端行动,这件事才能过去。而当你走出来再回头看时,却发现那不过是小事一桩。事情本身并没有变,不过是你的视角欺骗了你。

那天一位朋友说,觉得没劲死了,单位要死不活,自己也干不出什么名堂。可是身边一位女同事,情况虽然差很多,比如刚怀孕,房子也没买,还有,夫妻双方家境都不佳,可是那位女同事却总是乐呵呵的。女同事说,每次她郁闷的时候,老公都会安慰她,你再怎么灰暗,总比没爹没娘的孤儿强吧?话是突兀了点,可现在总比一年前强吧,今天总比昨天好点吧,他也让身边的人觉得自己并没那么苦,因为,他比任何人都苦。

其实心情是自己操纵的,无关遭遇。当你总是从积极的一面考虑事情的时候,幸运如同排队等候的顾客一样,一个一个轮流上;当你总是从消极的一面看待问题的时候,你会觉得,世界上没有人比你更惨了,在你自己编织的惨境里,你只会越来越惨。

有一个词叫"吸引力法则",多好运气,如果你总从负面角度考虑问题,觉得自己很不走运,那么你真的会越来越倒霉。

可以自测一下,当你觉得一件坏事在你心里突然变得很重,重到可以压过很多好事时;当你觉得一个人的形象开始突然逆转,变到与从前截然相反的轨道上时;当你觉得自己开始满眼灰色,再也看不到笑脸和阳光时;不妨看看,是不是"负面思维"在你身上已经扎了根儿,让你觉得什么都不够好,什么都没有意义,怎样都不开心,怎样都不痛快。

是的,每个人都难免被"负面效应"影响,但每个人也都有能量看到事物积极的一面。美国管理学家 FredLuthans 说,我们每个人内心都有两只狼,一只是积极正向的狼,一只是消极负向的狼,关键是你要喂养哪一只。

我不是千里马

曾经一度，我为能进微软底特律分公司而洋洋自得，作为州立大学的文科毕业生，真的很不容易。

但是，这种自豪仅仅持续了一年，我便彻底失去了信心。并不是我不努力，而是我的职位就是秘书，好像功能只有倒茶陪聊一样，眼看着那些技术人才频频升职，我却还常常要用透支卡度日。

人家说，走进微软，终有你展现才华的舞台。可惜，我真的不是匹千里马，不管跑多久，也不会有什么优异表现，面对那些精密的软件程序我只能羡慕和哀叹。当然，没有人理解我的心情，尤其是那些搞技术的人才，自以为和善地邀我喝咖啡，大讲最近在某个软件上有什么重要突破，却不知道这些正是我的硬伤，每每想起，都会后悔自己选错了地方。

微软再好，却没有我立足的地方，我决定重新选择自己的职业。圣诞节前夕，老总去华盛顿出差，我乘机递上辞呈，悄然离开了微软。坦白说，老总是个很有魅力的人，当初正是他在众多应聘者中选了我，我怕看到他，所以才出此下策。当然，我在辞呈中已说得很清楚，我相信他会支持我。

可惜，事与愿违，没过两天，我便接到公司电话，叫我回去上班。这是不可能的，我没有才能，但我有尊严。我不甘心在那么多技术人才面前打杂跑腿，在我的职业蓝图里，必须有一片属于自己的天空。所以，我的拒绝不留余地。

但我真的没想到，圣诞节的夜晚，老总会亲自跑到我的家里，一句话也没多说，只是拿出一份合同让我签。我说对不起，自己真的不适合呆在微软。可老总摆摆手，让我先看看合同内容。

第二天，我重新回到微软，只不过身份已截然不同，那些找我喝咖啡的朋友纷纷叫我请客，我也觉得，这的确值得祝贺，因为从这天开始，我便是微软底特律分公司人力资源部经理，我再也不需要低着头在众人面前自惭形秽，更不需要拿着透支卡纠结苦熬。

圣诞夜是一个让我醒悟的夜晚，我曾问老总为什么，他只是笑，反问我还记得那份辞呈吗，我当然记得。微软每天都会收到那样的辞呈，没什么特别的。可老总说，不，你那份辞呈不一样，因为你在谈及和技术人员喝咖啡的烦恼时，很透彻地分析了他们每个人的特长与成就。所以，你虽然不是千里马，但却是伯乐。

微软需要千里马，但更需要伯乐。老总的话让我备受感动，谁说非技术人才不能在微软展现自己呢！任何一个单位部门，它都需要一个运筹帷幄的人。

如今，于微软的那些人才来说，我依旧什么都不懂，但我会看人、选人、用人，每年人力资源部招聘，我考察的重点，便是千里马与伯乐的关系。

智慧语言创造财富

有这样一个故事。二战后一个日本商人经营小食品，买卖很好。他一般是把东西包扎好后，非常礼貌地问顾客："先生，是您自己带回去呢，还是给您送回去？"顾客多选择后者，这样，店员要不断地给顾客送货，导致人手紧张，经营成本高。后来有人出了一个主意，让商人改说："先生，是给您送回去呢，还是您自己带回去？"结果，顾客听后一般会说："还是我自己带回去吧。"

话说长了，大部分人注意的是最后一句。尤其是选择问句，很多人对后一个问题印象深刻。商人换了一下语序，既达到了减少成本的目的，又不违背文明服务的宗旨，何乐而不为？妙换一下语序，不仅仅是经营理念问题，更是商家的一种机智，一种智慧。

一家小饭馆，一位顾客初次来吃饭，拿着菜谱不知点什么好。服务生一着急，说："先生，这样吧，我们这里有什么你就吃什么吧。"顾客不高兴了："看不起我啊？"老板听见了，赶紧打圆场："先生，他的意思是，你吃什么我们这里就有什么，包你满意。"顾客转怒为笑："你这个老板很有意思。"让老板推荐了几个好菜，尽兴离去。说话要客气，不要气客，显然这个服务生说话冒失了，好在老板机警过人，巧妙化解了误会。看来,作为商家,机智地化解尴尬和误会是多么重要。

老舍先生在《语言与生活》一文中曾说到,过去饭馆的伙计为了多拉生意,常对客人假充熟人。客人一进来,他就笑着说:“来了,您,这边请!”然后麻利地擦一遍干干净净的桌子,安排客人坐下,再笑着问:“今天您再吃点什么?”顾客心里很舒服。因为这句话里面包含着客人经常在这儿吃饭,是自己人的意思。这样热情的伙计,这样周到的服务,这样暖人心的话语,买卖能不兴隆?

有位女士不小心在一家铺着整洁的木板的商店里摔倒了,手中的奶油蛋糕弄脏了商店的地板,便歉意地向老板笑笑,不料老板却说:“真对不起,我代表我们的地板向您致歉,它太喜欢吃您的蛋糕了!”于是女士笑了,笑得挺灿烂。老板的话清除了她的尴尬和不快,她也决心“投桃报李”,买了好几样东西后才离开。

这位老板并不是卖蛋糕的,他的宽容和幽默让人忍俊不禁。我们一直在强调诚信经营,诚信经营没有错,但在以诚待客的基础上,再有一份热情,一份机智,一份幽默,那我们的生意岂不更人性化,更有文化品位?文化品位不是简单地挂几张名人书画附庸风雅就成的,不是把小店装饰成不伦不类的园林小屋就成的,也不是起个诗意的名字就能沾上了高雅气息的,它是一种睿智和仁爱,是一种人生磨砺和修养。所以说,智慧语言,创造财富。

镇定的胜利

伦敦希思罗机场是英国最繁忙的空港，在飞往美国的航班上查出有液体炸药后，希思罗机场被关闭，大量的乘客滞留。

一位上海记者在机场候机大厅里拍下了这样一幅照片，一位年轻的小提琴手打开自己的包，取出他的小提琴，在拥挤的人群中，拉起了悠扬的乐曲。

他的眼微闭着，十分陶醉。在他的周围，不同肤色的人群围在他的身边，再远处，是荷枪实弹的英国防暴警察。这是多么令人震撼的画面。

在伦敦飞往美国的十多个航班差点被引爆，在英国首相吓出一身冷汗，在全世界为之震惊的时候，在事件的发生地，一场小型音乐会却在上演。

乘客们是那么镇定、从容地在欣赏音乐，仿佛身边发生的极其恐怖的事情，与自己毫无关系。

记得在 9·11 事件中，当双子楼遭袭，燃起熊熊大火的时候，楼上的人大都通过狭小的楼道逃生，从 80 多层到底楼，人们排着队，有秩序地下来。

当消防队员冲进大楼时，这些逃生的人们，甚至为消防队员留出通道，以便让他们冲上楼去灭火。如果在通道上争先恐后，那将发生更大的悲剧。

他们的镇定，让人感慨万千。

在灾难面前，是什么让他们心静如水？这个答案我无从破解。但在我经历中，西方人的冷静，真的让人佩服。

有一次，我在杭州萧山国际机场搭机去成都，登机前，刚好遇到了暴雷天气，所有飞机都迫降上海，我所乘的航班将误点四个小时，候机大厅里挤满了人，人们议论着，走来走去，有的在发牢骚，还有的在指责机场的工作人员。

但是，一些外国人却静静坐在一边，他们或闭目养神，或听着MP3，一副怡然自得的样子，好像超然于这嘈杂的环境。

他们的冷静不得不让我们汗颜，我们的愤愤不平，我们的焦急不安，不仅破坏了别人需要的安静，也破坏了自己的心情。

是什么让我们无法冷静？

作家龙应台说，安静度就是国民的文明度。这是一句需要翻译的话，换言之，一个国度是否文明，往往会体现在声音上，一个高度文明的国家，它往往是安静的。龙应台还有一句话，文化就是对别人的态度。许多镇静，其实是一种胸怀，一种高度文明。当双子塔在倒塌的时候，还能从大楼里有序逃出数百人，这是镇静的胜利，这是秩序的胜利，这是秩序后面蕴含着的对他人生命尊重的胜利，更是文明的彻底胜利。

自己是一个起点

我们尝试过很多事情，但很少尝试将自己当做自身的起点，也当做自身在这个世界上的起点。王小波在 1978 年给李银河的情书中这样写道："我们生活的支点是什么？就是我们自己。自己要有一个绝对美好的不同凡响的生活，一个绝对美好的不同凡响的意义。"这是他当时所发现的新大陆，自己的大陆。

我们每个人自己，可能正是这样一片有待开垦的新大陆。

而能够这样去做的前提是，你要信任你自己，你要在自己身上安顿下来，发现人也可以活在自己身上，依赖自己，从自身汲取力量。你不能因为痛恨这个环境而痛恨自己；你不能因为别人否定你，你就一而再、再而三否定自己；你也不能因为没有从别人那里得到更多吸纳和肯定，于是就自我排斥、自我贬低。

你不必感到重要的事情正在你身外发生，重要的东西正在离你越来越远。对于你来说，没有比你存在于这儿更加重要的事情了，没有比你自己已经拥有的东西更加重要的了。你无须将自己嫁接在别人身上，寄生于别人篱下，从别人那里寻找起点和力量。你原来也是有力量的，你是你自己的起点，也是这个世界的有力起点之一。

不要恐惧自己身上的力量突然丧失了，担心哪一天自己身上的河水干枯，自己的大地枯萎，种子不能发芽，灵感不知去向。你的根基正是在你自己身上，你心灵中肥沃的土壤正有待开发。

不要恐惧自己的知识是如此贫乏。为什么观察你自己身上正在出现的东西，你面前的世界正在发生的变化，不能成为一种知识的来源？

你发现没有，有时候你满怀期待地出门，结果空手而归。我们在私下掌握的真理，比在人群中能够掌握和拥有的要多得多。难道最好的东西不是从我们自己身上生长出来的？你要能够成为有力量的，除非你能够给这个世界带去什么，而不是从它那里拿走什么。

于是，大作家托马斯·曼在流亡瑞士期间，为自己列了一个清单，其中包括：让自己深入内心地沉静工作……在动乱、政变、威胁之中，平静和坚持不懈地从事自己的创造性工作；在没有其他路标时，自己做自己的路标；保持勇敢与耐心。

我们身上的东西也许太老了，历史包袱也许太重了，我们的年轻人应该有另外一个开始：体验自己身上不断涌现的东西，体验自身是一个富矿，体验自身是一个起点、动力和源泉。

哦，假如你没有力量，这个世界上便没有力量；假如你退缩，这个世界便没有前进。当一个人体验自己，体验到自己身上的好东西，他才能体验到别人身上的好东西。他将自己当做一个宝贝，他也能够将别人当做宝贝。

相反，他若是习惯于践踏自己，自暴自弃，那他就会倾向于践踏他人，无视他人。

笑出来，你便自由了

来找我治疗的情绪困扰者都有一个特色，就是怨命。他们普遍觉得自己比其他人遇上厄运的几率更高，自命不幸，终日活在负面情绪笼罩的绝境中。人是有趣的矛盾生物，明知道事情总有正反两面，就是宁愿选择把眼睛盯着负面，拒绝调校正向心理。

生活的其中一个条件，正是愿意持续地调校正向心理，而非死守埋怨的困局，自伤伤人。学习如何在绝望中也可放眼看见单纯美丽的风景，是生活心疗的方向。譬如朋友告诉我，她发现丈夫有外遇，绝望放弃，无法活下去时，遇上单亲妈妈笑着教她跳舞、种花、养小猫，看到对方花一样的眼睛，知道原来自己从此也可以一样活得好。

遇上打击，无力应对时，便得提升情商，调校自己，学习接受，清理负面情绪。每个人都要学习一技傍身，磨炼自己面对逆境的心理素质，让自己好过一点，也少为身边的人加添负面影响。成长，是学会成熟地处理好不幸，减少制造情绪垃圾，自愿继续走下去。

面对不幸，需要释放情绪。华人文化惯性收藏情感，自制压抑，实在不必要啊。哭一场，叫一声，做运动，吃一顿好饭，向朋友倾诉，

送份礼物给自己，也是自我调校的自疗方式。那天治疗师朋友教我一个释放负能量甚至调整癌细胞的方法，就是尽情大叫，然后吃一口玛努卡蜂蜜，缓缓吞下，更新自己。我的另类选择是，去抱一棵老树，完完全全地向它释放一切烦恼，换来凛然正气的爱。

有人问我，遇上一而再的不幸，接踵而来的打击，盯着你不放的厄运，你能怎样招架？吃不下，说不出，欲哭无泪时，你还能怎样爱自己？

在深刻的无助和悲伤中，最激进的应对方式，莫过于把一切荒谬变成幽默，不然活不下去。在无助的时候，能让自己好过一点的不是哭泣，而是发笑。难怪，真正品德高尚的人，不会埋怨命运，只会笑走哀愁。很难吗？试试看，那只是一个关口，越过了，笑出来，你便自由了。

欢笑是对抗不幸的温柔武器。把厄运笑走，看它能对我怎样！将不幸变成幽默，一瞬间，我们改变了世界，也改变了命运。

没有失败者

科罗拉多大学法学院院长决定，秋季开学后，希尔曼不能再回去上课了，原因是他的成绩太差。

希尔曼的父亲与法学院院长爱德华·金取得了联系，但这没能改变那个决定。金院长说："希尔曼是个非常好的青年人，但他不可能成为一名律师。他最好去找其他职业。我建议他留在他周末打工的那个食品杂货店里。"

希尔曼给院长去了信，申请重读，但杳无音讯。

希尔曼感到心烦意乱。在重大事情上，他从未真正受过挫折。高中时他是个受欢迎的学生，是一个非常受人尊重的足球运动员。不费吹灰之力，他就进入了坐落在博耳德市的科罗拉多大学，并正式被该学校最负盛名的法学院录取。

希尔曼的父亲只有高小文化，他当了40多年铁路邮局办事员。但他热爱学习，同时他知道儿子极想成为一名律师。他建议希尔曼考虑一下威斯敏斯特法律学院，那儿开设晚上课程。

父亲的建议切合实际，同时又强烈地挫伤了希尔曼的自尊。科罗拉多大学是一扇通向法官宝座和声名显赫的律师事务所的大门，

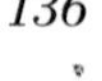

而威斯敏斯特则是一所穷人学校，没有享受终身职位的教授，也没有法律权威评论，那里的学生白天都在打工。

但是，希尔曼最终还是去见了威斯敏斯特学院院长克里福特·米尔斯。

米尔斯看了一下希尔曼的大学成绩报告单，直率地说："在博耳德你突出的是体育课、西班牙语课和你的学生组织能力。"

他说得不错。希尔曼好不容易进了大学，却没承担起大学生应尽的义务，缺乏良好的学习习惯，这些终使他自食其果。

米尔斯院长允许希尔曼在威斯敏斯特学院注册入学，但有一个条件，他得重修一年级的所有课程。院长说："我将时刻监督你。"

一扇门关闭了，但别的门向希尔曼敞开了。

因为这是第二次机会，希尔曼加倍努力地学习，并且对法律证据产生了浓厚兴趣。

第二年，教希尔曼一门课程的教授过世了，希尔曼不可思议地应邀接任了他的课程。证据研究后来成了希尔曼的终生专长。

28岁那年，他成了丹佛市最年轻的乡村法官。而后，当选了地主法官，接着被总统任命为美国联邦司法部地方法院法官。后来，他获得了科罗拉多大学颁发的乔治·诺林奖以及授予他的名誉法学博士学位。

如果在胜利前却步，往往只会拥抱失败；如果在困难时坚持，常常会获得新的成功。坚持下去，没有失败者。

总有两个机会

美国加州有位刚毕业的大学生，在冬季大征兵中他依法被征，即将到最艰苦也是最危险的海军陆战队去服役。

这位年轻人自从获悉自己被海军陆战队选中的消息后，便显得忧心忡忡，在加州大学任教的祖父见到孙子一副魂不守舍的模样，便开导他说："孩子啊，这没什么好担心的。到了海军陆战队，你将会有两个机会：一个是留在内勤部门，一个是分配到外勤部门。如果你分配到了内勤部门，就完全用不着去担惊受怕了。"

年轻人问爷爷："那要是我被分配到了外勤部门呢？"

爷爷说："那同样会有两个机会，一个是留在美国本土，另一个是分配到国外的军事基地。如果你被分配在美国本土，那又有什么好担心的。"

年轻人问："那么，若是被分配到了国外的基地呢？"

爷爷说："那也还有两个机会，一个是被分配到和平而友善的国家，另一个是被分配到维和地区。如果把你分配到和平友善的国家，那也是件值得庆幸的好事。"

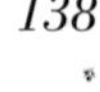

年轻人问："爷爷，那要是我不幸被分配到维和地区呢？"

爷爷说:“那同样还有两个机会,一个是安全归来,另一个是不幸负伤。如果你能够安全归来,那担心岂不多余。”

年轻人问:“那要是不幸负伤了呢。”

爷爷说:“你同样拥有两个机会, 一个是依然能够保全性命,另一个是完全救治无效。如果尚能保全性命,还担心它干什么呢?”

年轻人再问:“那要是完全救治无效怎么办?”

爷爷说:“还是有两个机会,一个是作为敢于冲锋陷阵的国家英雄而死,一个是唯唯诺诺躲在后面却不幸遇难。你当然会选择前者,既然会成为英雄,有什么好担心的。”

当命运递给我一个酸柠檬时, 我会设法把它制造成甜柠檬汁。人们有时可以支配自己的命运,若我们受制于命运,那错不在我们的命运,而在我们自己。

做一个积极的人

1930年正值大恐慌,可能是美国历史上经济最恶劣的时代。到处可见工厂倒闭、商站破产、成千上万的人失业、各行各业都一再减薪、免费餐店和发放面包的地方排起长龙。其中不少人过去原是富人、30岁以上的人根本找不到工作。

皮尔就是在这样一个秋天的下午,在没落的第五大街见到老朋友弗雷德的。"过得还好吗?"皮尔试探着问。

弗雷德穿着深蓝色的西装,老式西装磨出了一层油光,谁都能一眼看见那套西装穿了有多久了,他说话的口吻和过去一模一样,一点儿也没有改变。

"没有问题,我过得很好,请不用担心。失业很久当然是事实,只不过每天早晨都到城里各处找工作。这么大一个城市一定有适合我的工作,只要耐心寻找,一定会找到的。"他说。

"你总是这样笑嘻嘻的吗?"皮尔问他。

他回答说:"这不是很合理吗?我记得在哪里读过,绷起脸来时要用60条肌肉,但笑的时候只要用14条肌肉。我不想绷起脸,过度使用肌肉。"

他谈起自己的人生观，他相信获得工作的强烈愿望必定能让他达到目的。

“我听过你引用的诗人约翰·巴罗所说的话，好像是‘属于你的一定会归你所有’。”

弗雷德的深厚的信仰和坚强的信念令皮尔十分佩服。

他站在挤满了急于找工作的失业者的大街上，说：“曾经年轻的我现在老了。可是从来没有看到正义被遗弃，正义的子孙乞求面包的情形。不论多么困难我也这样相信。我的父母都教导我要相信。所以我始终怀着希望和信念。”

后来，弗雷德和一个具有发明才能的人共同创业，在新的领域中，弗雷德充满创意的构想获得了成功。在此之前他忍受了许多苦难，过着贫穷的生活，但他始终能坚守信念，终于获得极大的成就。他积极的生活态度，使认识他的人都对他充满敬佩。

积极的人在每一次忧患中都看到一个机会，而消极的人则在每个机会都看到某种忧患。坚持信念，属于你的一定会被你得到。

接受挑战

伍德是音乐系的学生，这一天，他走进练习室。在钢琴上，摆着一份全新的乐谱。

“超高难度……”伍德翻动着乐谱，喃喃自语，感觉自己对弹奏钢琴的信心似乎跌到了谷底，消靡殆尽。

已经三个月了！自从跟了这位新的指导教授之后，不知道，为什么教授要以这种方式整人。

伍德勉强打起精神，他开始用手指奋战、奋战、奋战……琴音盖住了练习室外教授走来的脚步声。

指导教授是个极有名的钢琴大师。授课第一天，他给自己的新学生一份乐谱。“试试看吧！”他说。

乐谱难度颇高，伍德弹得生涩僵滞、错误百出。

“还不熟，回去好好练习！”教授在下课时，这样叮嘱学生。

伍德练了一个星期，第二周上课时正准备让教授测试。没想到，教授又给了他一份难度更高的乐谱，“试试看吧！”上星期的课，教授提也没提。

伍德再次挣扎于更高难度的技巧挑战。

第三周,更难的乐谱又出现了。

同样的情形持续着,伍德每次在课堂上都被一份新的乐谱所困扰,然后把它带回去练习,接着再回到课堂上,重新面临两倍难度的乐谱,却怎么样都追不上进度,一点也没有因为上周的练习而有驾轻就熟的感觉。伍德感到越来越沮丧和气馁。

教授走进练习室。

伍德再也忍不住了。他必须向钢琴大师提出这几个月来自己承受的巨大压力。

教授没开口,他抽出了最早的那份乐谱,交给伍德。“弹弹看!”他以坚定的目光望着学生。

不可思议的结果出现了,连伍德自己都惊讶万分,他居然可以将这首曲子弹奏得如此美妙、如此精湛!教授又让伍德试了第二堂课的乐谱,学生依然呈现超高水准的表现……演奏结束,伍德怔怔地看着老师,说不出话来。

“如果,我任由你表现最擅长的部分,可能你还在练习最早的那份乐谱,就不会有现在这样的水平。”钢琴大师缓缓地说。

万无一失意味着止步不前,那才是最大的危险。为了避险,才去冒险,避平庸无奇的险,值得。别绕开困难,它正是你挑战自我的机会。

寻找一束光

福勒最初家境不好，为了生计他5岁参加劳动，9岁之前就像大人一样以赶骡子为生。在母亲的鼓励下，他开始思考如何致富。他选择了肥皂业。于是，他像我们现在很多的推销员那样，挨家挨户地推销肥皂。12年之后，他终于有了2.5万美金。

这点钱在当时对他来说是多么重要啊！

正好，福勒获悉供应他肥皂的那家公司要拍卖出售，售价是15万美金。福勒兴奋极了，由于兴奋他竟然忘记了自己只有2.5万美金。他与那家公司达成协议，先交2.5万美金作为保证金，然后在10天之内付清余款，否则，那笔保证金——也就是他的全部财产——将不予退还。福勒兴奋地说了一个字："行。"

这时福勒其实已经把自己逼上绝路，但他感到的不是绝望，而是成功的兴奋。是什么使他敢于如此冒险呢？是那个致富的念头，是他对人生的积极心态。

福勒开始筹钱。由于做了12年的推销员，他在社会上建立起很好的人缘。朋友们借给他11.5万美金，只差1万美金了。但是，这时已经是规定的第10天的前夜，而且是深夜，所以那1万美金就不是个小问题。福勒发愁了。但是,致富的念头以及对人生的积极心态,使他没有失望。他在深夜再次走上街头。

成功之后福勒说:“当时，我已用尽我所知道的一切资金来源。那时已是沉沉深夜,我在幽暗的房间中跪下祈祷,祈求上帝引导我见到一个能及时借给我1万美金的人。我驱车走遍61号大街,直到我在一幢商业大楼看到第一道灯光。”

这便是福勒最著名的“寻找灯光”的故事。

当时已是深夜11点。福勒走进那幢商业楼,在昏黄的灯光里看到一个由于工作而疲乏不堪的先生。为了顺利履行那份购买肥皂公司的协议,福勒忘记了一切,心中只有勇气和智慧。他不假思索地说:“先生,你想赚到1千美金吗？”

“当然想喽……”那位先生因为这个好运气的突如其来而有点惊慌失措。

“那么,给我开一张1万美元的支票,等我归还您的借款时,我将另付您1千美金的利息。”福勒于是讲述了他面临的困境,并把有关的资料让那位先生看。福勒拿到了那1万美金。

福勒经过12年的潜心经营,终于在那天深夜碰到了机遇,此后即一发不可收拾,他终于迈进世界巨富的行列。

自私贪婪的人往往只看重眼前的利益,而看不到隐藏在背后的危机,更无法掌控明确的生活方向。要想在生活的海洋中撑好自己的一叶小舟,需要真诚地对待生活。

生命的智慧

海伦刚出生的时候，是个正常的婴孩，能看、能听，也会咿呀学语。可是，一场疾病使她变成既盲又聋的小聋哑人，那时，小海伦刚刚一岁半。

这样的打击，对于小海伦来说无疑是巨大的。每当遇到稍不顺心的事，她便会乱敲乱打，野蛮地用双手抓食物塞入口里。

若试图去纠正她，她就会在地上打滚，乱嚷乱叫，简直是个十恶不赦的“小暴君”。父母在绝望之余，只好将她送至波士顿的一所盲人学校，特别聘请沙莉文老师照顾她。

一次，老师对她说：“希腊诗人荷马也是一个盲人，但他没有对自己丧失信心，而是以刻苦努力的精神战胜了厄运，成为世界上最伟大的诗人。如果你想实现自己的追求，就要在你的心中牢牢地记住‘努力’这个可以改变你一生的词，因为只要你选对了方向，而且努力地去拼搏，那么在这个世界上就没有比脚更高的山。”

老师的话，犹如黑夜中的明灯，照亮了小海伦的心，她牢牢地记住了老师的话。

从那以后，小海伦在所有的事情上都比别人多付出了10倍的努

力。

在她刚刚10岁的时候，名字就已传遍全美国，成为残疾人士的模范，一位真正的强者。

1893年5月8日，是海伦最开心的一天，这也是电话发明者贝尔博士值得纪念的一日。贝尔在这一日建立了著名的国际聋人教育基金会，而为会址奠基的正是13岁的小海伦。

小海伦成名后，并未因此而自满，她继续孜孜不倦地努力学习。1900年，这个年仅20岁，学习了指语法、凸字及发声，并通过这些方法获得超过常人知识的姑娘，进入了哈佛大学拉德克利夫学院学习。

她说出的第一句话是："我已经不是哑巴了！"她发觉自己的努力没有白费，兴奋异常，不断地重复说："我已经不是哑巴了！"

在她24岁的时候，作为世界上第一个受到大学教育的盲聋哑人，她以优异的成绩毕业于世界著名的哈佛大学。

海伦不仅学会了说话，还学会了用打字机著书和写稿。她虽然是位盲人，但读过的书却比视力正常的人还多。而且，她著了7册书，她比正常人更会鉴赏音乐。

海伦的触觉极为敏锐，只需用手指头轻轻地放在对方的嘴唇上，就能知道对方在说什么；她把手放在钢琴、小提琴的木质部分，就能"鉴赏"音乐。她能以收音机和音箱的振动来辨明声音，还能够利用手指轻轻地碰触对方的喉咙来"听歌"。

如果你和海伦·凯勒握过手，5年后你们再见面握手时，她也能凭着握手认出你来，知道你是美丽的、强壮的、幽默的，或者是满腹牢骚的人。

这个克服了常人"无法克服"的残疾的人，其事迹在全世界引起

了震惊和赞赏。她大学毕业那年，人们在圣路易博览会上设立了“海伦·凯勒日”。

她始终对生命充满了信心，充满了热爱。

在第二次世界大战后，海伦·凯勒以一颗爱心在欧洲、亚洲、非洲各地巡回演讲，唤起了社会大众对身体残疾者的注意，被《大英百科全书》称颂为有史以来残疾人士最有成就的由弱而强者。

美国作家马克·吐温评价说：“19世纪中，最值得一提的人物是拿破仑和海伦·凯勒。”身受盲聋哑三重痛苦，却能克服残疾并向全世界投射出光明的海伦·凯勒，以及她的老师沙莉文女士的成功事迹，说明了什么问题呢？答案是很简单的：如果你在人生的道路上，选择信心与热爱以及努力作为支点，再高的山峰也会被踩在脚下，你就会攀登上生命之巅。

如果我们一直朝着自己心中的目标努力，那么再高的山峰也将臣服于我们的脚下；正像阿基米德说的那样：给我一个支点，我将撬起整个地球！

我可以成功

1832年，林肯失业了，这显然使他很伤心，但他下决心要当政治家，当州议员。糟糕的是，他竞选失败了。在一年里遭受两次打击，这对他来说无疑是痛苦的。

接着，林肯着手自己开办企业，可一年不到，这家企业又倒闭了。在以后的17年间，他不得不为偿还企业倒闭时所欠的债务而到处奔波，历尽磨难。

随后，林肯再一次决定参加竞选州议员，这次他成功了。他内心萌发了一丝希望，认为自己的生活有了转机："可能我可以成功了！"

1835年，他订婚了。但离结婚还差几个月的时候，未婚妻不幸去世。这对他精神上的打击实在太大了，他心力交瘁，数月卧床不起。

1838年，林肯觉得身体状况良好，于是决定竞选州议会议长，可他失败了。1843年，他又参加竞选美国国会议员，但这次仍然没有成功。

林肯虽然一次次地尝试，但却是一次次地遭受失败：企业倒闭、情人去世、竞选败北。要是你碰到这一切，你会不会放弃——放弃这些对你来说很重要的事情？

林肯是一个聪明人，他具有执著的性格，他没有放弃，他也没有说："要是失败会怎样？"1846年，他又一次参加竞选国会议员，最后终于当选了。

两年任期很快过去了，他决定要争取连任。他认为自己作为国会议员表现是出色的，相信选民会继续选举他。但结果很遗憾，他落选了。

因为这次竞选他赔了一大笔钱，林肯申请当本州的土地官员。但州政府把他的申请退了回来，上面指出："作本州的土地官员要求有卓越的才能和超常的智力，你的申请未能满足这些要求。"

接连又是两次失败。在这种情况下，换上你会坚持继续努力吗？你会不会说"我失败了"？

然而，林肯没有服输。1854年，他竞选参议员，但失败了；两年后他竞选美国副总统提名，结果被对手击败；又过了两年，他再一次竞选参议员，还是失败了。

林肯尝试了11次，只成功了两次，但他一直没有放弃自己的追求，他一直在做自己生活的主宰者。1860年，他当选为美国总统。

遇到过的困境很多人都有体会。但他面对困难没有退却、没有逃跑，他坚持着，奋斗着。他压根就没有想过要放弃努力，他不愿放弃，所以他成功了。

海洋中没有浪花击不出千层浪，生活中不经历挫折成不了强者。获得成功的要诀，就是要勇于面对身边的挫折，找准一个既定的人生目标，随后要做的，就是大胆的迈出你的步伐。

当遭遇拒绝时

一位刚毕业的女大学生到一家公司应聘财务会计工作，面试时即遭到拒绝，理由是她太年轻，公司需要的是有丰富工作经验的资深会计人员，女大学生却没有气馁一再坚持。她对主考官说："请再给我一次机会，让我参加完笔试。"主考官拗不过她，答应了她的请求。结果，她通过了笔试，由人事经理亲自复试。

人事经理对这位女大学生颇有好感，因为她的笔试成绩最好。不过，女孩儿的话让经理有些失望，她说自己没工作过，唯一的经验是在学校掌管过学生会财务。他们不愿找一个没有工作经验的人做财务会计。人事经理只好敷衍道："今天就到这里，如有消息我会打电话通知你。"

女孩儿从座位上站起来，向人事经理点点头，从口袋里掏出一美元双手递给人事经理："不管是否录取，请都给我打个电话。"人事经理从未见过这种情况，竟一下呆住了。不过他很快回过神来，问："你怎么知道我不给没有录用的人打电话？"

"您刚才说有消息就打，那言下之意就是没录取就不打了。"

人事经理对这个年轻女孩儿产生了浓厚的兴趣，问："如果你没被录用,我打电话,你想知道些什么呢?”

“请告诉我,我在什么地方不能达到你们的要求,我在哪方面不够好,我好改进。”

“那一美元……”

没等人事经理说完,女孩儿微笑着解释道:“给没有被录用的人打电话不属于公司的正常开支,所以由我付电话费,请你一定打。”

人事经理马上微笑着说:“请你把一美元收回。我不会打电话了,我现在就正式通知你,你被录用了。”

就这样,女孩儿用一美元敲开了机遇的大门。

细想起来,其实道理很简单:一开始便被拒绝,女孩儿仍要求参加笔试,说明她有坚毅的品格。财务是十分繁杂的工作,没有足够的耐心和毅力是不可能做好的。她能坦言自己没有工作经验,显示了一种诚信,这对搞财务工作尤为重要。即使不被录取也希望能得到别人的评价,说明她有直面不足的勇气和敢于承担责任的上进心。女孩儿自掏电话费,说明了思维的灵活性,并巧妙地展示了自己公私分明的良好品德,这更是财务工作不可或缺的。

“拒绝”并不是“失败”的代名词,当我们被拒绝的同时,也得到了反省自我、提高自我能力的机会;如果你是个聪明人的话,就不会整天抱怨命运的不公了。

自己的命运自己主宰

不要老想着依靠别人，要记住，靠山山倒，靠人人跑，只有自己能拯救自己。

上帝的使者来到人间，他碰到一个卜者在给两个孩子占卜前程，只见卜者指着一个孩子说：状元。然后又指着另一个孩子说：乞丐。

二十年后，上帝的使者又来到人间，看到以前的那两个孩子，结果令他百思不得其解，当初认为的状元却成了乞丐，而当初的乞丐却成了状元。

于是，使者去问上帝。上帝说：我赋予每个人的天赋只决定他命运的一半，而其余的则在于他自己如何把握。

可见，命运对每个人都是公平的。有些人不屈服于命运的淫威，自己掌握自己的命运；有些人为命运所左右，甘心做起了命运的奴隶。

在生命的旅程中，有时候我们难免会陷入各种危机之中，而要摆脱这些危机，不要老想着依靠别人，要学会靠自己拯救自己。

一天，威尔逊先生在大街上碰到一个乞讨的盲人，他觉得这位

盲人很可怜，就给他一张大钞。正准备走，盲人拉住他，说："您不知道，我并不是一生下来就瞎的，都是23年前希尔顿的那次事故弄的！"

威尔逊先生一惊，问道："你是在那次化工厂爆炸中失明的吗？"盲人激动地说："是啊！当时，逃命的人拥挤在一起。我好不容易冲到门口，可是一个大个子在我的身后大喊，'让我先出去！我还年轻，我不想死！'他把我推倒了，踩着我的身体跑了出去，我失去了知觉……等我醒来，就成了瞎子。"威尔逊先生听到这里，冷冷地说："事实恐怕不是这样吧？你说反了。"

盲人猛地一惊。

威尔逊先生一字一顿地说："我当时也在希尔顿化工厂当工人，是你从我身上踏过去的。你说的那句话，我永远也忘不了！"

盲人突然抓住威尔逊先生，大声吼道："这就是命运啊！不公平的命运！你在里面，却出人头地了；我跑了出去，却成了瞎子。"

威尔逊先生用力推开盲人的手，举起了手中精致的手杖，平静地说："你知道吗？我也是一个瞎子。你相信命运，可是我不信。"

人生就是这样，命运常常掌握在自己手中。也许你禀赋天成，也许你资质平庸，但决定命运的往往不是这个，而在于自己如何去掌控。如果不屈不挠，以金石可镂的精神不息奋斗，默默耕耘一方土地，也许就会收获人间的春天，创造一个惊人的神话。命运就在我们自己手中，但需要我们自己去创造；幸福就在我们的手里，但需要我们不停的努力。

人生的道路要每个人自己去走，谁也代替不了谁。而命运只有靠自己把握，只有自己才是真正的主人。

我们不能选择自己的出身，不能选择我们的父母，但是我们有权力选择自己的人生。做自己命运的主人，就不能成为金钱的奴隶，不能成为权力的俘虏，要在各种诱惑面前保持自己的本色，否则便会迷失自己。

记住，命运在自己手里。古往今来，凡成大业者，他们“奋斗”的意义就在于用其一生的努力去改变自己的命运。只有积极进取，努力奋斗，才可能获得满意的人生。

美国大思想家爱默生有句名言：“靠自己成功。”这句话影响了无数美国人——那些原来从英国统治下独立的殖民地国家的人民迅速把自己的国家建设成为当今世界上的超级强国。主宰命运的不是上帝，而是你自己，怎样选择完全在于一个观点，一种态度，一种选择。很多事情我们无法改变，但是对待人生的态度，完全决定了你的命运。

因此，这个世界上，真正能改变自己命运的人只有自己，自己命运掌握在自己的手中。你想要做什么人，只能由你自己决定。那些自强不息、乐观进取的人，往往可以改变自己的命运。

诚然，人生在世，总要或多或少地依靠自身以外的各种帮助——父母的养育、师长的教诲、朋友的关爱、社会的鼓励……可以说，人从出生的那一刻起，就已经开始接受他人给予的种种帮助了。然而，许多年轻人“在家靠父母，出门靠朋友”的“靠”，已经演变成对父母和朋友的依赖，把自己的命运完全寄托在父母和朋友的身上。

信奉“在家靠父母”的人，往往是那些生活上不能自理、饭来张口、衣来伸手，或者事业上不能自立而离不开父母权力、地位和金钱支撑的年轻人。这样的年轻人，显然不可能在生活上自立自强，也不可能在事业上有所作为。

我国著名教育家陶行知编的《自立歌》中有这样一句话：

滴自己的汗，吃自己的饭。

自己的事，自己干。

靠天靠地靠祖上，不算是好汉。

所以，不要总是依赖别人，把一切希望都寄托在别人身上，每个人都有许多事要做，别人可能帮你一时，却帮不了一世。所以，靠人不如靠己，最能依靠的人只能是你自己。

人生犹如一本色彩纷呈的书，其中的酸甜苦辣，需要自己去体会，没有任何人能够帮助你。要想出人头地，功成名就，就要自己主宰自己的命运，把希望种在心里，把命运握在手中。只有这样，你才能创造属于你的辉煌与成就。

自信是成功的基石

各人有各人的才能，可是有些人眼红别人的名望。如果你盼望有所成功，就得根据自己的才能，不要好高骛远。

被人们称为“全球第一 CEO”的美国通用电气公司前首席执行官杰克·韦尔奇曾有句名言：“所有的管理都是围绕‘自信’展开的。”凭着这种自信，在担任通用电气公司首席执行官的 20 年中，韦尔奇显示了非凡的领导才能。韦尔奇的自信，与他所受家庭教育是分不开的。韦尔奇的母亲对儿子的关心主要体现在培养他的自信心。因为她懂得，有自信，然后才能有一切。

韦尔奇从小就患有口吃症。说话口齿不清，因此经常闹笑话。韦尔奇的母亲想方设法将儿子这个缺陷转变为一种激励。她常对韦尔奇说：“这是因为你大聪明，没有任何一个人的舌头可以跟得上你这样聪明的脑袋。”于是从小到大，韦尔奇从未对自己的口吃有过丝毫的忧虑。因为他从心底相信母亲的话：他的大脑比别人的舌头转得快。在母亲的鼓励下，口吃的毛病并没有阻碍韦尔奇学业与事业的发展。而且注意到他这个弱点的人大都对他产生了某种敬意，因为他竟能克服这个缺陷，在商界出类拔萃。美国全国广播公司新闻部总裁迈克尔就对韦尔奇十分敬佩，他甚至开玩笑说：“杰克真有力量，真有效率，我恨不得自己也口吃。”

韦尔奇的个子不高，却从小酷爱体育运动。读小学的时候，他想报名参加校篮球队，当他把这想法告诉母亲时，母亲便鼓励他说：“你想做什么就尽管去做好了，你一定会成功的！”于是，韦尔奇参加了篮球队。当时，他的个头几乎只有其他队员的四分之三。然而，由于充满自信，韦尔奇对此始终都没有丝毫的觉察，以至几十年后，当他翻看自己青少年时代在运动队与其他队友的合影时，才惊奇地发现自己几乎一直是整个球队中最微弱的一个。

青少年时代在学校运动队的经历对韦尔奇的成长很重要。他认为自己的才能是在球场上培训出来的。他说：“我们所经历的一切都会成为我们信心建立的基石。”在整个学生时代，韦尔奇的母亲都始终是他最热情的拉拉队长。所有亲戚、朋友和邻居几乎都听过一个韦尔奇母亲告诉他们的关于她儿子的故事，而且在每一个故事的结尾，她都会说，她为自己的儿子感到骄傲。

在培养儿子自信心的同时，她还告诉韦尔奇，人生是一次没有终点的奋斗历程，你要充满自信，但无须对成败过于在意。

自信是所有成功人士必须具备的心理素质。没有自信的人，做事总是忧虑重重，怕东怕西，最终一事无成。要知道，成功永远属于充满自信的人。

自信是一个人成功的首要条件，只有建立了自信，其他的优势才能派得上用场。你可能学识渊博，经验丰富，理想远大，但如果缺乏自信，这些优势便会失去其应有的价值。

有自信才有激情，如果一个人没有自信，他就很难对生活或工作保持热情或兴趣。不相信自己，看不到美好的希望，哪来的激情和动力?靠什么去战胜困难、拼搏进取?越是不自信,态度就会越来越糟糕,离成功的距离也就会越来越远。

有了自信才能乐观。生活在这样一个竞争激烈的社会中,每个人都会遇到许多的危机和麻烦,自信的人相信自己能战胜困难,于是能够采取积极的措施去应对处理,问题就很容易得到解决。与此同时,他们的自信心也会在解决困难的过程中得到加强,乐观的态度也将逐渐形成。苏格拉底曾对他的助手说:"最优秀的人是你自己,只是你不敢相信自己,才把自己给忽略、给耽误、给丢失了……"其实,每个人都是最优秀的,差别就在于如何认识自己、如何发掘和重用自己。

的确,生活中很多人发现不到自身的优势,发现不到自身的价值,认为自己对一切无能为力。下面这些诗句是一位女青年在与癌症搏斗的过程中写下的,相信对你会有很好的启发。

你不能改变环境,但你可以改变自己;

你不能改变天气,但你可以调整心情;

你不能改变事实,但你可以改变态度;

你不能控制他人,但你可以把握自己;

你无法选择容貌,但你可以展露笑容;

你无法改变过去,但你可以掌控现在;

你无法预知明天,但你可以利用今天;

你无法保证样样顺利,但你可以做到事事尽力;

你无法延长生命的长度,但你可以拓展生命的宽度;

你不能阻止消极因素的发生,但你可以保持积极的态度。

任何时候都要记住,我们并不比别人差,生命在这个世界上是同等尊贵的,别人拥有的种种幸福,我们也一样可以拥有,只要我们有信心,肯去追求,胜利最终会属于我们。

锁定目标，坚持下去

成功是衡量人生价值的尺子，它是人类自我实现的需要。

每个成功的人都知道，取得成功并不是一个简单的过程，它需要你用无比坚强的意志，不断地挑战人生，坚持到底，才能采摘到胜利的果实。有些时候，也许只是少了那么一点点的坚持，成功就会与之擦肩而过。常言道："坚持就是胜利。"人贵有坚持到底的毅力和勇气。请记住：坚持一下，再坚持一下，我们就能走出困境，取得成功。

戴维决定要成为第一位游过英吉利海峡的女性。多年来，她不断地练习，直到 1952 年，这一天终于来临了。她出发时充满了希望，四周站满了新闻记者，当然，还有一些是怀疑她能否完成这个壮举的人。

当她快接近英格兰海岸时，正好起了一阵浓雾，海水翻腾冰冷。"来吧！戴维"，母亲把食物递给她时鼓励她道，"你可以办到的，只不过再游几里罢了。"

最后，她在筋疲力尽下被拉到船上，距离目标只有一百多码。她很难过，特别是在发现她距离自己目标有多近之后。

"我不是找借口"，她事后对新闻记者说，"但假如我能看到目

标,我想我可以游到。”

不过她并不是那么容易被打倒的人,她决定再试一次。她集中精神在她印象中的英格兰海岸,这次,她又遇到了大雾和翻腾冰冷的海水,但她成功了,她成为历史上第一位游过英吉利海峡的女性,为什么?因为她能清楚地看到目标——经过她思想的眼睛。

为人处世,一般最艰难的时刻,是最令人难以忍受的,但也是最接近成功的时候。只要你不半途而废,不断总结失败的教训,成功很快就会到来。正如伟大的科学家诺贝尔所说:“坚忍不拔的勇气,是实现目标的过程中所不可缺少的条件。”

很多有伟大贡献的人,他们的成就和当初预定的目标完全不同。可以说他们并未达成目标,但他们在追求目标时,却有了其他发现和贡献。哥伦布原先是要找出一条通往印度的新航路,结果他却找到一个新大陆。

一个制鞋工厂为了扩大自己的市场,将自己的发展战略定在了某热带岛国,并以此作为整个热带国家市场的突破口。他们向社会广泛征集市场人员去做市场的调查与分析。结果反馈回来的信息令工厂大失所望,每个回来的市场人员都抱怨,那里的气候特别,再加上人们根深蒂固的生活习惯,生活在岛上的居民根本不需要穿鞋,因此在那里开发市场是不值得的。正当工厂准备放弃这个计划时,一位叫汤姆的市场人员却作出了与其他人相反的报告,汤姆认为正是因为岛上的居民都还没穿鞋,才暗藏了巨大的市场空间,所以我们必须尝试改变他们所固有的生活习惯。

于是汤姆带着艰巨的任务又来到了岛上,他拿了部分样品鞋给岛上的居民试穿,记录他们的感受和需要,再将当地的地理环境和气候条件做了分析。

工厂的设计师们根据汤姆的反馈信息，专门设计了一种鞋，透气性好，既舒适又耐磨。汤姆于是带着这种鞋到岛上开始了自己的推销，刚开始很多人对这种新奇的事物难以接受，一个月下来，汤姆的收获很小，于是汤姆向工厂申请，决定免费赠送100双鞋。这个促销带来了巨大的收获，很快这种新奇的事物给岛上的居民带来了前所未有的革命，他们纷纷购买这种价格很合理而且穿上它后感觉特别舒服的鞋子。就这样，汤姆经过细致的分析后，勇于尝试，终于取得了很大的成功。

善于把握机遇，铸造成功的人生。你只要知道自己尽了力就好。只要你为自己设定有价值的目标，努力去做，至于成功与否，那是次要的事。

在一条湍急的河边，很多人在那里淘金。有人幸运地淘到了沙金，并很快成为富翁。这个消息很快一传十，十传百的流传出去，许多人都认为这是个发财的好机会，于是那些想通过淘金来致富的人们从四面八方聚集到那里。

20岁的农夫亚伯拉罕同大家一样，走了很远的路才来到这个人烟稀少的地方，也加入到了这支庞大的淘金队伍里。

越来越多的人开始来这里淘金，金子也变得很难淘。一批人走了，另外的人又来了。亚伯拉罕也很努力地在那里淘金，不分日夜，可是他连续淘了一个月，连金子的影子也没看到，他开始失望了。看看自己所带的钱物也快用完了，他于是想到了离开。

当他走到对岸的山头上时，回过头站在那儿，看看自己付出了心血却一无所获的地方，很不甘心。他默问自己："难道真的这样失败的离开？"

突然，他看到眼前奇怪的一幕：想到对岸淘金的人，因为没有渡船，所以要走到下游的浅水区，趟水而过。“如果有条渡船，不是很方便吗？”亚伯拉罕心想，“而且还可以收费，这样不也可以赚钱吗？”

于是他将剩余的钱物用来做了艘简易的渡船，开始在河上撑渡。由于这样很方便，很多人乐意乘渡船来往于河的两岸。很多人坐他的船过河淘金，也有很多人坐他的船离去。

后来，很多淘金者都空手而归，而亚伯拉罕却通过撑渡积累了一笔不小的财富。

每个人都想获得成功，有的人也曾经为了成功努力过、奋斗过，但是当他们遇到挫折之后，就退缩了、放弃了，这种人无疑是懦夫。要知道，实现梦想需要朝着心中既定的目标锲而不舍地努力追求，需要我们一直坚持到底。

生活中，我们有时因为遭受失败和挫折而太急于选择放弃，致使自身落个失败的结局。生活就像金矿的矿脉，有时也会出现断层，只要你坚定信念，有信心认真挖掘，成功就不会离你太遥远。无论是谁，在确定自己在做某一件事情时，就应该执著、坚定地朝着自己心中的目标进发。

做真正的自己

也许我们不大注意，我们时常用各种方式称赞别人——其实我们是在称赞自己。肯定自己，我们就会对自己的人生充满信心。

有个年轻人很想成就一番事业，一直没有成功，渐渐地，他失去了信心。后来有一个机会，他去拜访了一位成功的长者，痛苦地问："为什么别人努力的结果总会成功，而我努力的结果却那么糟糕呢？"

长者微笑着，反问了他一个无关的问题："如果我送你'芳香'两个字，你首先会想到什么？"

年轻人回答说："我会想到糕点，虽然我开办不久的糕点店已在前些日子停业了，但是我仍会想到那些芳香四溢的糕点。"

长者点了点头，然后带他拜访了一位动物学家朋友。见面后，长者问了对方一个相同的问题。

动物学家回答道："这两个字，首先使我想到眼下正在研究的课题——在大自然界，有不少奇怪的动物，利用身体散发出来的芳香做诱饵捕捉食物。"

之后，长者又带他去拜访一位画家朋友，也问了对方这么一个问题。

画家回答道:“这两个字,使我联想到百花争妍的野外和翩翩起舞的少女。芳香,能够给我的创作带来灵感。”

年轻人始终不明白长者的用意。

在返回途中,长者又顺便带他拜访了一位久居海外、刚刚回国探亲的富商。谈话中,长者也问了对方这么一个问题。

富商动情地说:“这两个字,使我联想起故乡的土地。故乡泥土的芳香,令我魂牵梦绕。”

辞别富商之后,长者问年轻人道:“现在,你已经见过不少出色的人物了。那么,他们对‘芳香’的认识与你相同吗?”

年轻人摇了摇头。

长者继续问:“那他们对‘芳香’的认识又相同吗?”

年轻人又摇了摇头。

长者笑了,意味深长地说:“其实在生活中,每个人都有与众不同的芳香,你也一样。为什么你现在做的不像别人那么出色呢?那是因为你只是在看别人如何欣赏他们的芳香,而把自己的芳香给忽视了……”

一朵最不起眼的小花,也有它的芳香、它的美丽、它的不可取代的独一无二,所以,不要跟别人比,不要盲目地羡慕别人拥有的东西,学会正视自己、珍惜自己,欣赏自己身上的芳香。

在现实生活中,有些人总是羡慕别人,憧憬别人的财富与成功。他们总是试图表现出自身并不具备的品质,最终把自己搞得心神疲惫。每个人都有自己的芳香,只要做好自我就已经足够了。

每个人在世界上都是独一无二的,正如大树上的叶子一样,没有一片叶子与另一片完全相同。而人具有的这种与众不同的特性,既可以表现在一个人的生理素质和心理素质上,也可以表现在一个人的社会阅历和人际关系上。如果忽视或抹杀自己的特性,是永远不可能获得真正的成功和自由的。缺点再多的一个人也有值得大家学习的优点。真正聪明的人会将目光停留在别人的优点上,偷偷地去学习,而真正愚笨的人才会将目光永远停留在别人的缺点上,并不断的对其议论、嘲笑。

爱默生曾经说过:"羡慕就是无知,模仿就是自杀。"纵观历史,不知道有多少天赋非凡的模仿者,由于遗忘或者故意掩饰自己的特殊性,最终都一事无成,沦为追随他人的牺牲品。

尼采说过:"聪明的人只要能认识自己,便什么也不会失去。"一个人正确的认识自己,懂得欣赏自己,才能使自己充满自信。

人生最重要的欢乐在于创造。你首先必须干得和别人不一样,然后才能比别人干得好;你首先必须为这个世界带来一些新的东西,然后才能实现自己的成功和自由。

你就是你,不是别人;你不需要成为别人,也不可能成为别人。无论你想在哪一个领域中获得成功和自由,都必须保持自己的特色,培养自己的风格。

要成为一个有价值的人、一个可以获得成功和享受自由的强者,必须展现自己独特的存在,必须发掘自己的特殊性。在当今竞争激烈的社会,不展示自己的独特性,连生存都困难,更别奢谈发展与成功了。

任凭世事纷纭,你要好好把握自己,不要忽视自身的芳香,每个人都有适合自己的路。走在适合自己的道路上,人生才是有意义的。在决定成败、决定前途和命运的关键时刻,务必像雄狮和苍鹰那样独立,坚持自己的独特性,发扬自己的特殊性,你的人生才能焕发出别样的美丽。

把握今天，拥有未来

乐观的人，在每一次的忧患中，都能看到一个机会；而悲观的人，则在每个机会中，都看到某种忧患。

日复一日的昼夜交替着，年复一年的日子轮回着……一切都在不停地更替，生命如川流不息的河流，从源头到终点，最终每一天都变成了今天。

1871 年春天，一个年轻人忧心忡忡，他是蒙特瑞综合医院的一名学生。此时，他对自己的未来充满困惑："怎样才能顺利地通过考试？毕业后该做些什么？该到什么地方去？如何开展自己的事业？怎样才能谋生？"

在极度迷茫中，他拿起一本书。在这本书中，他看到了 24 个字，正是这 24 个字使他——一个年轻的医科学生，后来成为著名的医学家，他不仅创建了举世闻名的约翰?霍普金斯医学院，还得到了大英帝国医学界的最高荣誉——牛津大学医学院的讲座教授，另外，英王还授予他爵士的封号。他去世后，记述他一生经历的两卷大书长达 1466 页。

他的名字叫威廉?奥斯勒爵士。可以说，这 24 个字对他的前途

产生了巨大影响，并使他取得了巨大的成就。这 24 个字就是汤姆斯??卡莱里写的："关键的是要做手边最清楚的事，而不是看远处模糊的事。"

很大程度上，我们心灵平静的程度取决于我们能否生活在现在时。无论昨天或去年发生了什么，明天也许会发生或不发生什么，你身处的都是现在时，永远如此。我们让过去的问题和未来的忧虑来控制我们的现在时刻，以至于以焦虑、受挫、沮丧和不抱希望而告终。

多年以前，有个穷困潦倒的哲学家四处流浪。一天，他来到一个贫瘠的乡村，这里的老百姓生活得非常艰苦。当人们走上山顶，聚集在他身边时，他引用了一句耶稣的话："不要为明天担心，因为明天自有明天的烦恼，今天的难处留在今天就够了。"这句话虽然只有短短的 26 个字，但却是有史以来引用次数最多的名言，它经历了好几个世纪，一代一代地流传下来。

对一个聪明人来说，每一天都是新的开始。好好生活一天并不困难，每天清晨，我们都要告诉自己："今天又是一个新的开始。"

过去的已经过去，过去不能重来，只有重新开始。为过去哀伤、遗憾，除了劳心费神、分散精力之外，没有一点益处。

当我们学会忘记过去，我们就不再斤斤计较，整个人会变得快活起来，就会对生命充满热爱，遇到什么问题，都不会害怕，用不着担心将来会变得怎样的不好，只要做到过好每一天。对一个聪明人来说，每一天都是一个新的开始。

古罗马诗人荷瑞斯写道：

这个人很快乐，也只有他才能快乐；

因为他将今天称为自己的一天。

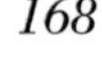

他在今天感到安全，并说：

不管明天多么糟糕，我已经过了今天。

我们每天都要去面对一些新的事物，每时每刻都要面临新的挑战，如果能战胜挑战，那我们也就拥有了更多美好的时光，拥有了更多美好的事物，生活也将更加美好更加幸福了。

你珍惜今天吗？请你问自己以下几个问题：

1.我是否忽略了现在，只担心未来？或者只追求所谓的“天堂里奇妙的玫瑰园”？

2.我是否常常为过去已经发生的事情而后悔，并因那些已经过去、已经发生的事情让现在更加难受？

3.当我清晨起床时，是否决定“我要抓住今天”，尽量利用这 24 小时？

4.如果我真的做到威廉??奥斯勒爵士所说的“活在完全独立的今天”，是否能使我从生命中得到更多的东西？

5.我应该从什么时候开始这么做，是下个星期——明天——还是今天？

一位诗人曾说：“假如你还在为错过昨天的太阳后悔，那么你将错过今晚的星星和月亮。”所以，应该学会埋葬过去，只有傻子才会被它引向死亡之路，同时要将未来紧紧关在门外，就像对待过去那样，过去的负担加上未来的负担，必定会成为今天的最大障碍。未来永远只存在于今天，人类获得拯救的日子就是现在，一个总是为未来忧心忡忡的人，只会浪费精力、无所作为。因此，好好关注一下自己生活中的每个侧面，养成一个良好的习惯，应该生活在今天里。

耐住寂寞，等待成功

只有耐得住寂寞的人，在寂寞中观察、分析、思考，才能对问题有独特的见解，对生活有独特的领悟，从而激发自己的潜能，向更高的目标迈进，实现自己的价值。

善于等待的人，才会受到成功的青睐；急功近利的人，只会功亏一篑。罗马不是一天建成的，需要一个漫长而艰苦的过程，过程中有挫折、有失败、有痛苦、有悲伤、更有光阴的不断流逝。真正有毅力的人是不会在乎这些的，他们只是静心地等待，等待属于他们的那个时刻的到来，哪怕是独自地等待。

古往今来，大凡成名成家者，都耐得住寂寞，潜心于做自己的学问，不受世俗的烦扰，在寂寞中走出了自己的一番天地。其实说到底，耐得住寂寞，是人的一种生存能力。一个人如果不能学会真正享受寂寞，则是残缺的人生。

在这物欲横流的世界中，许多人都心浮气躁，哪里还有享受寂寞的心情。相反，喜欢寂寞的人会把这看成是难得的享受，因为它可以让你展开想象的翅膀，在广阔的天空任意飞翔。

享受寂寞还可以激发你的潜能，让你有机会去思考，从思考中

去领悟。思考需要宁静的处所和精心的孕育。没有思考的愿望，就不会有灵魂的渴求。爱默生说："世人最艰巨的使命是什么？思考。"只有耐得住寂寞的人，在寂寞中观察、分析、思考，才能对问题有独特的见解，对生活有独特的领悟，从而激发自己的潜能，向更高的目标迈进，实现自己的价值。

微软公司前中国区总经理吴士宏女士便是个很好的例子。经过层层面试和筛选，吴士宏终于被录取了，她成了世界著名企业 IBM 公司的一名普通的员工。在 IBM 最早工作的日子里，她做的和接待员的事情差不多。每天沏茶倒水，打扫卫生，为自己能解决温饱而感到欣慰，但很快这种内心的平衡就被打破了。

有一次，她推着平板车买办公用品回来，因没有外企工作证件而被门卫拦在了大楼门口。进进出出的人们都向她投来了异样的目光。她内心充满了委屈和侮辱，但却无法宣泄。她暗自发誓："这种日子不会久的，绝不允许别人把我拦在任何门之外。"

还有一件事又重创了她敏感的内心。有一个香港职员，资格很老，动不动就指使别人替她做事，吴士宏自然成了她指使的对象。一天，她当众侮辱吴士宏偷喝她的咖啡。吴士宏那次急了，浑身战栗，像头愤怒的狮子，把内心的压抑彻底爆发出来。事后她对自己说："有朝一日我一定要有能力去管理公司里的任何人，无论是外国人还是中国人。"

鲁迅说过"不在沉默中爆发就在沉默中死亡"。吴士宏没有在沉默中死亡，她像推进器产生了强大的动力一样，每天早出晚归，拼命地学习和工作，最后终于成为第一个 IBM 华南区的总经理。

在 IBM 华南区工作期间，吴士宏面临的挑战是既要开拓这片新的市场领地，又要对她手下的所有员工负责。她开始从手下员工的身上看到了自己的成就和理想，那种狭隘的意识也逐渐被赶出脑海。后来她决定放弃这里“南天王”的职位去美国攻读 MBA 高级研修班,养精蓄锐准备向更高的目标出击。可就在她决定要走的时候,父母双双病危,为陪伴父母,她决定留下来,继续在 IBM 公司担任经理。这回她可不是做华南区的经理,而是 IBM 微软公司(中国)总经理。

吴士宏是个耐得住寂寞,并能守住寂寞的人。她的成就与她的个性是分不开的,她不是在寂寞中天马行空、胡思乱想,而是在寂寞中思考,激发潜能、努力奋斗、发愤图强。

寂寞是痛苦的。许多人面对寂寞会感到失落、颓废、甚至绝望。其实,寂寞始终伴随着每个人的一生,只是原因和性质、程度不同。现代社会有太多的诱惑或者叫机遇,部分人的成功会给更多的人带来失落感。在失落中产生的寂寞最容易造成致命的伤害。寂寞和浮躁往往是孪生兄弟。始于浮躁终于寂寞,难以寂寞转而浮躁,浮躁之后还是在失落中的寂寞。浮躁的人最容易感到寂寞,也最难以耐得住寂寞,而承受住了寂寞之苦的人,也并非不会再出现浮躁。

都说人生要战胜自己,实际上就是要克服浮躁、耐得住寂寞。耐得住寂寞不是要甘于寂寞,沉沦于颓废。人生没有一帆风顺,但是人在逆境时很难避免消沉和抱怨。而所谓的超人无非是在逆境中心态调整得快、角色和目标修正的及时。司马迁忍受宫刑之苦而修《史记》。陶渊明逍遥于桃花源中咏唱古今,这不过是摆脱寂寞的策略。

耐住寂寞,等待成功,并不是说让你整天发呆,消磨光阴,而是一个磨砺、充实自己的过程,这个过程是艰辛的,只有拥有坚强意志的人才能承受。等待是要有足够勇气的,即对理想全身心地投入,不屈不挠,甘愿付出宝贵的光阴。

成就决非一夕之功。你不会一步登天,但你可以逐渐达到目标。别嫌自己的步伐太小,无足轻重,耐住寂寞,尽心尽力,等待成功,你一定不会落空。

上帝与你一样，只能自己救自己

一个做着擦皮鞋工作的青年非常不满自己的职业。擦皮鞋是个又脏又累的活儿，他想改变现状，找一份不脏不累的工作，努力了一阵，却一直没有找到一个合适的工作。有人说，你还是找上帝帮忙吧。他觉得这个主意不错，于是就去找上帝。

那个年轻人终于见到了上帝。上帝正在安神祈祷。他很纳闷：上帝在人们心中是万能的，难道他也有心烦的事要祈祷吗？他说明来意，请求上帝帮助。上帝一边继续虔诚地祈祷，一边对青年人说："在你们心中我是上帝，可在我心中上帝就是我自己。每个人都有自己的烦心事，我在向自己祈祷。" 青年人便祈求上帝一定要帮忙，赐给他一份不脏不累的活儿。上帝说："青年人，我帮不了你什么，自己的问题只能自己解决，你还是回去吧。"青年人不肯离去，上帝无奈，只好说："好吧，但我只能给你一个建议，你去做个乞丐，如果你感到不合适，再来找我。"

就这样，青年人做了乞丐。他没有想到，乞丐这个职业虽然不累，但却受人歧视。他很苦恼，又找到了上帝，希望再换一个不受歧视的工作。上帝建议他还去擦皮鞋。

于是青年人又重操旧业，虽然每天还是和那些臭皮鞋打交道，却比当乞丐更加尊严，更加自尊。他非常感谢上帝，又一次去找上帝。这次，他没有见到上帝，只见到了上帝给他的留言，说："年轻人，我并没有帮你什么，你从事的还是原来的职业，之所以你现在感到快乐，是因为你的心态变了。其实，你就是自己的上帝，你要感谢的也只有你自己。每个人的一生都会遇到挫折和困难，努力去克服，就能越过这些障碍。"

确实，像那个青年人那样频繁地更换工作并不是解决问题的好办法，只有调整自己的心态才是获得长足发展的良好策略。

很多人满怀激情地工作了一段时间后，都会有这样的感觉：本来做得好好的，不知为何，突然就陷入一种莫名的厌倦状态，做什么都没兴趣，整日感觉身心耗尽，又累又烦，无缘无故地去抱怨领导、同事、家庭，甚至看破红尘，变得冷漠麻木。这实际上是一种职业倦怠感，是得与失不平衡的心理反应。它源于自身，而非外部环境，主要是由于过分投入于工作或人际关系，没有得到及时的调整、补充、平衡而造成的。

事实上，在职业生涯中，差不多每个人都会遇到类似的情况，只是不同的人出现的原因不同、时间不同。比如不受领导赏识、升职未果的失落感，与同事产生矛盾的怨恨，长时间从事单调工作而失去激情，等等。

杰克负责一个很大的投资项目，忙碌了近两年时间，累出了一身病，结果不但没有获得任何奖励，甚至连一句表扬的话都没有得到，还被安排了更艰难的工作。很多没有付出这么多辛苦的人却可以选择更好的部门和岗位任职，他感到很不平衡，过去以为领导很重视自己，现在看来只是在利用而已。他虽然不满于这种状况，却仍然坚持认真工作,而没有选择抱怨或离开。

与杰克不同,遇到这种情况后,在自己一时无力改变的情况下,大多数人也许会选择跳槽,重选一个新的职业。重新选择并不是一件容易的事,从头做起,就一定能够使这种现象不再出现吗?

逃避问题并不能解决任何问题。心情或状态不好的时候,采取回避或放任的态度,反而会增加内心的压力。你需要真实而深入地审视自己,问问自己最喜爱的工作到底是什么?最迫切期望达到的目标究竟是什么?令自己筋疲力尽的原因什么?怎样做才能让你心情舒畅?同时评估自己的需求与现实的差距有多大。直面问题和现实,你就会发现,真实的你和工作中的你到底有多大差别,从而意识到你的失落感的根源,从而找回失落的激情。

我们的烦恼多半来自于对现实不合理的要求。地球不是围着你一个人转的,站在公司或他人的立场看,你的很多想法也许不够合理,如果你想得到更多薪水或被提升得再快一点,这只是你自己的一厢情愿。如果你仔细观察周围的人,就会发现,许多人都遭遇同样的境遇,但却不是都像你一样愤愤不平。能不能获得更多,有时候不光看业绩。领导在决策的时候考虑的因素有很多,是你在你目前的高度上无法知道的。

在平等协商的气氛下,可以和上司、同事直接讨论自己在公司的职位、工作表现及待遇问题,说出自己内心的困惑和失落,也可以适时地表达你的需要。不要担心别人会看不起你,沟通一方面可以改变上司和同事对你的看法,使之更客观地了解你,另一方面也能促使上司改善对你的态度和待遇。

合理的目标能够激发活力,在工作中有信心有动力,也使我们在实现目标的过程中产生成就感。既然找到自己的困惑所在,就要采取行动。根据自己的实际情况去确定合理的目标，这样实现起来容易，也能使你做起来一直有激情。但一定要让目标清晰可见，模糊的目标与不合理的目标其作用是一样的。

工作与娱乐、压力与松弛、活动与休息、付出与承受，都需要保持在一个平衡点上，找到这个点，人才能健康与快乐。根据自己的实际情况去寻找自己在生活、工作上的平衡点，并守住它，你就不会再因失衡而陷入痛苦之中。

放弃抱怨，因为问题可能出在你身上

在日常生活中，我们几乎随时都能听到各式各样的抱怨：抱怨薪水太低、付出太多，抱怨考核制度不公平，抱怨领导独断专横，抱怨管理混乱……诸如此类的抱怨，有别人说给自己的，也有自己说给别人的。唯独没有自己抱怨自己的，没有人会去反思：我为什么总是这么多的抱怨呢？

人在遭受挫折与不公正待遇时，往往会采取消极对抗的态度。不满通常引起牢骚，希望获得别人的注意与同情。这虽是一种正常的心理自卫行为，但却是许多老板心中的痛。大多数老板认为，牢骚和抱怨不仅惹是生非，而且容易造成公司内彼此猜疑，影响团队精神。

因此，当你牢骚满腹时，不妨看一看老板定律：第一条，老板永远是对的；第二条，当老板不对时，请参照第一条。

一个受过良好教育、才华横溢的年轻人，长期在公司得不到提升。他缺乏独立创业的勇气，也不愿意自我反省，于是养成了一种嘲弄、吹毛求疵、抱怨和批评的恶习。他根本无法独立地做任何事，只有在被迫和监督的情况下才能工作。在他看来，敬业是老板剥削员工的手段,忠诚是管理者愚弄下属的工具。他在精神上与公司格格不入,所以无法真正从那里受益,更别提个人的发展了。

对他的劝告是,有所施才有所获。如果决定继续工作,就应该衷心地给予公司老板同情和忠诚,并以此为自豪。如果你无法停止中伤、非难和轻视你的老板和公司,就放弃这个职位,另谋高职。只要你依然是某一机构的一部分,就不要诽谤它,不要伤害它。轻视自己所从事的职业就等于轻视你自己。

无论谁做任何事情,都会受到批评、中伤和误解。从某种意义上说,批评是对那些伟大杰出的人物的一种考验。杰出无须证明,证明自己杰出的最有力证据就是能够容忍谩骂而不去理会他人。林肯做到了,他知道每一个生命都必定有其存在的理由。他让那些轻视他的人意识到,自己种下分歧的种子,必会自食其果。

如果你是一名大学生,应该充分利用好学校的资源,衷心地理解学校和老师,并且引以为豪。有所施才有所获,他们尽职尽责给学生以教诲,如果说学校还存在着诸多不完美的地方,那么每天努力愉快地去学习,就会使它变得更好。

同样地,如果你任职的公司陷入困境,而老板是一个守财奴的话,你最好走到老板面前,自信地、心平气和地对他说:“你太吝啬了。”指出他的方法是不合理的、荒谬的,然后告诉他应该如何改革,你甚至可以自告奋勇去帮助公司清除那些不为人知的弊端。

尝试着这样去做,但如果由于某种原因你无法做到,那么请作出以下选择:坚持还是放弃。你只能两者择其一,你必须选择。

每个地方你都能发现许多失业者,与他们交谈时,你会发现他们充满了抱怨、痛苦和诽谤。这就是问题所在——吹毛求疵的性格使他们摇摆不定,也使自己发展的道路越走越窄。他们与公司格格不入，变得不再有用，只好被迫离开。每个雇主总是不断地在寻找能够助他一臂之力的人，当然他也在考察那些不起作用的人，任何成为发展障碍的人都会被清理掉。

如果你对其他雇员说自己的老板是个吝啬鬼，那么表明你也是；如果你对他们说公司的制度不健全，最明显的表现就是你。那些只顾把时间花在说人长短、毁谤他人的人，是不可能成功的。人的时间、精力和金钱都是有限的，你必须谨慎地选择开销的方式。如果你决定以贬低别人来提高自己，你会发现自己将大部分时间和精力花费在这些无聊的是非上，可用的时间就会所剩无几。如果你爱散布恶意伤人的所谓内幕消息，就会丧失他人对你的信任。有句话说得好："向我们论人是非的，也会向人论我们的是非！"

放弃抱怨，才能使自己更多的聪明才智投放到事业发展上，才能使自己的内心更安宁平和，使自己的人生道路更加平坦。

寻找工作的乐趣而不是痛苦

很多人进入职场后往往发现,工作并不像自己以前想象的那般美好,那般充满乐趣,冷不丁就会遭遇一些烦恼甚至痛苦的事。比如:上班堵车,匆匆赶到公司,同事都做好了工作前的准备,主管用狐疑的眼光审视你;文案做不好,被上司不留情面地批评;点子被同事偷了,同事偷着乐,你却懊恼不已,不知道是跟对方大吵一架,还是把事情捅到老板那里去……你似乎很有理由地质问:"被这些事情纠缠着,能快乐得起来吗?"

如果你的眼光只关注这些事情,就不那么容易快乐起来了。你之所以不快乐,就是因为没有去关注那些快乐的事,去挖掘那些能让你快乐起来的事。

加拿大广播公司曾经制作过一个以"快乐"为主题的电视节目,这个电视节目一共采访了四十个国家、数百位快乐的人,得到了下列结论:

1.想要快乐,不需要富有、名气或美丽。

2.快乐的人应具备肯定自己、不怕挫折、醉心工作、顺其自然、通情达理、继往开来六项特质。

3.长期的快乐与外在条件,诸如财富、地位、权势、美貌等无关。

由此可见,能否快乐在于你的心态。快乐需要在工作中去寻找,去发现。

在西雅图有一个举世闻名的派克鱼摊,那里有洋溢着快乐的“飞鱼”表演,那里是快乐的天堂!

西雅图的这个市场与一般开放式的传统市场没什么两样,既感觉不出它已经有近百年的历史,也看不出什么特别之处。

但是,只要你走进市场,很快就会看见在市场的尽头聚集了一群人,老远可以听到他们的喧哗声。走近了,你会发现大家像是看街头表演似的,一圈又一圈地围着几个穿着亮橘色塑胶背带裤的年轻小伙子观看。其中一个小伙子从身旁的鱼摊上拿起一条鲑鱼,转身朝柜台一丢,中气十足的高声喊:“鲑鱼飞到威斯康星!”柜台里的人敏捷地接住鱼,也大喊:“鲑鱼飞到威斯康星!”他刚大声喊完,鱼就包好了,顾客开心地接过“飞鱼”,在围观群众的欢呼中满意地离去。尽管海风越吹越冷,但是这鱼摊总是被人潮与笑声围得暖烘烘的。

派克鱼摊的老板约翰·横山是日裔美国人,因为以前的鱼摊老板不想经营了,25岁时横山才顶下鱼摊开始经营。横山并不喜欢卖鱼,他只是想多赚钱,鱼摊经营得不错,于是他在另一边开了一家批发店。但是10个月后,批发店生意就跨了,甚至拖得鱼摊也濒临破产的边缘。横山就召集鱼摊的伙计开会讨论未来怎样经营鱼摊。一个小伙子提议“做举世闻名的鱼贩”。在实践过程中,他们发现,快乐对顾客和自己都很重要,顾客因为快乐而喜欢来鱼摊买鱼。后来,他们又合组了一家未来企业顾问公司,带着伙计到企业授课,当然,派克鱼摊的生意也逐渐好转。自己快乐则使工作更有效率,于是他们创造了“飞鱼表演”,在工作中寻找到了快乐!

快乐使派克鱼摊一举成名，不断有企业向派克鱼摊取经，横山与顾问柏奎还转遍了世界各地。“现在的营业额比 12 年前多了 5 倍。”横山骄傲地说。

派克鱼摊的故事被拍成教学录影带、翻译成 17 种语言，成为美国《财富杂志》500 大企业的训练教材，同名书籍《如鱼得水》登上畅销书排行榜。而且你只要在摊旁一站，就会发现身旁有明尼苏达、迈阿密，甚至开车来的外地客，带着相机或摄影机，等着拍摄派克鱼摊的“招牌产品”——飞鱼表演。

派克鱼摊的故事带给我们如下启示：

1.快乐需要去寻找，去发现。

快乐不是等来的，快乐需要你自己去寻找，去发现。只有积极发现快乐的人，才会享受到快乐。

2.因为我选择要快乐，所以我快乐。

能否快乐在于你个人的选择。不管你处在什么样的环境，不管你的心情坏到什么样子，只有你选择快乐，你才会去寻找和发现快乐，并在工作中享受到乐趣。

3.心情快乐能提高工作质量，所以要选择快乐。

快乐心情会提高你的办事效率，让你在不知不觉中就完成了一件工作。快乐心情能激发你的思维，让你产生灵感，想出许多解决问题的奇思妙想，从而使你的工作质量得到迅速提高。所以，在工作中努力寻找和发现快乐吧！你会发现，快乐的心境会对你的工作产生积极的发酵作用，你会觉得你的工作那么有意义，那么充满乐趣。于是，工作不再是谋生的手段，不是人生的负担。你会真正的理解那句话：工作并快乐着。

聪明的人不抱怨

人们在遭遇挫折与不当待遇时，难免会发出不平之声，希望能引起别人的注意和同情。不过，当一个人不断地抱怨和指责别人时，反而很容易让人反感，产生负面效果，也容易丧失别人的信任。

天下伯乐极少，千里马也极少。韩信不遇萧何，只有做马夫；刘备找不到孔明，也只得徒呼无奈。据说世界上被埋没的天才超过被发现的天才的100倍。可见怀才恰遇伯乐的事情，真是少之又少，你真不必大惊小怪。

事实上，在大多数情况下，才无非是人们谋生的一种技能。只要能满足自己的生存状态，就不会有怀才不遇的感叹。之所以有这样的感觉，是因为你把自己定位得太高，脱离了实际。在一个组织里只有一个CEO和一部分高层领导人，而具备这种能力的人很多，难道大家都去怨天尤人，抱怨怀才不遇吗？有比喻说一个人学成了一种技能，恰似完成了一种产品，而社会的运转对各种技能的需求就是市场，产品与市场的关系是供与求的关系。怀才之人与社会需求的关系其实很简单，也是供与求的关系。如果一个人学成的才能恰好为社会所紧缺的，又何愁不遇伯乐？所以在美国拿绿卡，大厨优先于科学家毫不奇怪，因为在美国此时缺的就是会做中国菜的大厨，而不缺博士，即使你是科学家，也只有干瞪眼的份儿。这个比喻再恰当不过了，事实就是如此。

遇到问题时，要先从不抱怨做起，冷静地分析问题。因为抱怨永远解决不了问题，只会把事情弄得更糟。

古时有一位妇人，特别喜欢为一些鸡毛蒜皮的小事生气。她也知道自己这样不好，可就是改不了。某一天，她听说有一位得道高僧很有办法，便决定去向高僧求救，希望高僧为自己谈禅说道，化解抱怨的心理，开阔心胸。

当高僧听了她的讲述后一言不发地把她领到一座禅房中，落锁而去。

妇人看见高僧不说一句话就把她锁在房中，气得跳脚大骂，并抱怨自己为什么要到这鬼地方受气。她骂了许久，见高僧不理会，便又开始哀求，可高僧仍置若罔闻。最后，妇人终于沉默了。

这时，高僧来到门外，问她：“你还生气吗？”

妇人说：“我只为我自己生气，我怎么会到这地方来受这份罪。”

“连自己都不能原谅的人又怎么能远离抱怨呢？”高僧说完拂袖而去。

过了一会儿，高僧又问她：“你还生气吗？”

“不生气了。”妇人说。

“为什么？”

“生气也没用。”

“你的怨气并未消失，还积压在心里，爆发后将会更加剧烈。”高僧说完又离开了。

当高僧第三次来到门前时，妇人告诉他：“我不生气了，因为不

值得气。”

高僧笑道：“还知道不值得，可见心中还有衡量，但还是有气根。”

妇人问高僧：“大师，什么是怨气?”

高僧没有回答，只是将手中的茶水倾洒于地，说道：“什么是怨气?怨气便是别人吐出而你却接到口里的那种东西，你吞下便会反胃，你不看它时，它便会消散了。”

妇人沉思良久，终于领悟了真谛，对大师说道：“刚刚我有怨气吗?好像没有吧。”大师笑道：“看来你真的领悟了。”说罢，开锁而去。

在漫长的人生旅途中，我们要承担着许许多多的义务和责任，由此也会衍生出无数的烦恼与忧愁，也就难免有这样或那样的痛苦让人心生抱怨。抱怨是一种心病，是一种习惯，要想化解它，重要的是学会自我调节，维持心理平衡。需要经常发泄的人，可以往自己的卧室中挂一个沙袋去施展拳脚，把心中所有的不平与愤怒统统让它去承受，然后使自己的心态保持平静。

自信是成功之门的钥匙

一个人的潜能就像水蒸气一样,其形其势无拘无束,谁都无法用有固定形状的瓶子来装它。而要把这种潜能充分地发挥出来,就必须要有坚定的自信心。

眼光敏锐的人可以从身边路过的人中指出哪些是成功者。因为成功者走路的姿势、他们的一举一动都会流露出十分自信的样子。从一个人气度上,就能够看出他是否是一个自立自助、有自信和决心完成任意工作的人。一个人的自主自助、自信和决心就是他万无一失的成功资本。同样,眼光敏锐的人也能随时随地看出谁是失败者。从走路的姿势和气质上,能够看出他缺乏自信力和决断力;从他的衣着和气势上能够看出他不学无术;并且他的一举一动也显露出他怯懦怕事、拖拖拉拉的性格。

一个成功者处理任何事绝不会支支吾吾、糊里糊涂。他魄力十足,不必依赖他人而能独立自主。而那些陷于失败的人既缺乏心理上的自信,又缺乏实际的做事能力,看上去总是一副穷途末路的样子,从他的谈吐举止和实际工作上看,好像他处处无能为力,只能听任命运的摆布。

在一个人的事业上，自信心能够创造奇迹。自信使一个人的才干取之不尽、用之不竭。一个没有自信的人，无论本领多大，总不能抓住任何一个良机。每遇重要关头，总是无法把他所有的才能都发挥出来，因此，那些本来可以成功的事在他手里也往往弄得惨不忍睹。

一项事业的成功虽然需要才干，但是自信心亦不可少。假如你没有这种自信心，是由于你不相信自己能具有自信心的缘故。要获得成功，你无论如何都要从心灵上、言行上、态度上拿出“自信心”三个字来。这样，在无形中人家就会开始信任你，而你自己也会逐渐觉得自己是一个值得依赖的人。

作为一个商行的主人，当面临生意冷清、存货积压严重、店员不负责任、所有欠款又纷纷来催这种情形的时候，最能展示出一个商人的才能。通过这时候他在人们面前的一举一动，大家能够清清楚楚地看出他的能力。如果他遇到一点微不足道的小事，就暴跳如雷；心中稍感不快，就对人大发脾气，说明他还没有学会一种最重要的本领——随时克制自己的怒气。

一个商人在生意兴旺、经营顺利的时候，往往喜气洋洋、春风得意。但在经营业绩下降、市场萧条、入不敷出、面临一切艰难困苦时，假如你还具有十足的勇气，不抱怨、不烦恼，依然待人和善、仁慈，这才是最难做到的。当你在工作和事业上面临困境，多年辛苦积累的资产丧失殆尽时，你还是应当在家人和孩子的面前保持平稳的心情，不消极、不气馁。沉着镇静、永不气馁，这是每一个人所应培养的品格。任何商人都应当永远以亲切的笑容和蔼待人，都应当有一种满怀希望的气魄，都应当具有战无不胜、突破逆境的自信力和决心。一个人具有不急躁、不怨天尤人、不轻易发怒和遇事不优柔寡断的良好品质，经常要比焦虑万分的心态更容易应付种种困难，解决种种矛盾。

没有哪一个经常说“快要失败”、整天抱怨“处境艰难”的人会获得成功。不要总是往消极的方面想，不要总是埋怨市场萧条或是行情不利，一般商人最容易沾染这种怨天尤人、自暴自弃的恶习。也许，在他们看来，世上就没有所谓“乐观”两个字，一切都笼罩在失望、挫败、无法成功的气氛中。这种观念统治了他们的头脑，在无形中把他们拖进失败的深渊中，使其总是不能自拔、永远不会看到成功的一天。

事业最初如一棵嫩芽，想要它成长、茁壮，必须要有阳光去照射它。遇到这种挫折应立即鼓起勇气、振作精神，努力去排除所有妨碍成功的可恶因素，学习怎样去改变环境，怎样去扫除外界的阻遏势力。任何事情，你都应朝着成功的方面想，而不可以整天唉声叹气地去忧虑失败后处境将是怎样的悲惨。

一个做事光明磊落、生气勃勃、令人愉悦的人，随处都会受到人们的欢迎。而一个总是怨天尤人、悲观消极的人，谁都不愿意与他相交。能在这个世界上不断发展自己事业的是那些对未来满怀希望、愉快活泼的青年。就我们本身而言，也希望避开那些整天满面愁容、无精打采的人。

一个有必胜决心的人，他的言谈举止中无不显出十分坚决、非常自信的气质。他意志坚决，能够胸有成竹地去战胜一切。人们最信任、最景仰的也就是这种人。而最厌恶、最瞧不起的则是那种犹豫不决、永无主见的人。

一切胜利只属于各方面都有把握的人。那些即便有机会也不敢把握、不能自信成功的人，必然落得一个失败的结局。只有那些有十足的信心、能坚持自己的意见、有奋斗勇气的人，才能保持在事业上的雄心，才能自信必然成功。

在生存竞争中最终赢得胜利的人，一举一动中一定充满了自信，他的非凡气度必定会使人自然对他产生特殊的尊敬，人人都可以看出他生机勃勃、精力充沛的样子。而那些被击败在地、陷入困境的人，却总是一副死气沉沉的样子。他们看起来缺乏决断力和自信，不论是行动举止、谈吐态度，他们都容易给人一种懦弱无能的印象。

喷泉的高度无法越过它源头的高度，同样，一个人的事业成就也绝不会越过他自信所能达到的高度。

假如你建立了一定的事业发展基础，并且你自信自己的力量完全能够愉快地胜任，那么就应该立即下定决心，不要再犹豫动摇。即便你遭遇困难与阻力，也不要考虑后退。

在事业成功的过程中，荆棘有时比那玫瑰花的刺还要多。它们会成为你事业发展的拦路虎，正是这种拦路虎在检验你的意志究竟是否坚定、力量是否雄厚，但只要你不气馁、不灰心，任何拦路虎都会有方法清除的。只要认定已经确定的目标，相信自己的能力和事业上成功的可能，你就会先在精神上达到成功的境界。随后，你在实际的事业过程中的成功也一定是毫无疑问的。

许多失败者都是由于他们没有坚定的自信心，因为他们所接触的都是心神不定、犹豫怯懦之辈，他们自己三心二意，对事情缺乏果断的决策能力。其实，他们体内原本也包含了成功的因素，却被自己硬是驱逐出了自己的身体。

不论你陷于何种穷困的境地，都要保持你那可贵的自信！你那高昂的头无论如何不能被穷困压下去；你那坚决的心无论如何不能在恶劣的环境下屈服。你要成为环境的主人，而不是环境的奴隶。你无时无刻不在改善你的境遇;无时无刻不在向着目标迈步前进。你应当坚定地认为你自己的力量足以实现那件事业,绝对没有人可以抢夺你的内在力量。你要从个性上做起,改掉那些犹豫、懦弱和多变的个性,养成坚强有力的个性,把曾被你赶走的自信心和一切因此丧失的力量重新挽救回来。

很多伟人、领袖一路向前,仿佛胜利总是追随着他们,这些人足迹所至,无往而不利。他们好像是一切事物的主人,一切行动的发号施令者。他们能傲视群雄、征服一切,这一切其实应归功于他们的自信。他们相信自己有克服一切艰难困苦的力量,相信自己享有一切胜利的专利。在他们眼里,为生存而竞争、去获取成功,好像都十分的容易。他们能做到改变并控制自己的环境,他们也知道:自己是无所不能的人物之一,他们做的所有工作都举重若轻,就像巨型的起重机吊起一件物品一样轻而易举。

他们总是乐观,从不犹豫,从不恐惧未来;他们只知道任何事情到了自己手里,不仅要做成功,还要做得尽善尽美。因此,世界上的伟大事业仿佛是由他们来做的。他们做起事来,从不瞻前顾后、迟疑不决。当事业路途上遇到困难障碍时,他们也决不后退,总能自信地靠着他们的卓越才能奋力越过。

坚定的自信,是成功的源泉。无论才干大小,天资高低,成功都取决于坚定的自信力。坚信能做成的事,必定能够成功。反之,不相信能做成的事,那就一定不会成功。

有一次,一个士兵骑马给拿破仑送信,因为马跑得速度太快,在到达目的地之前猛跌了一跤,那马就此一命呜呼。拿破仑接到了信后,立即写封回信,交给那个士兵,吩咐他骑自己的马,从速把回信送去。

那个士兵看到那匹强壮的骏马，身上装饰得非常华丽，便对拿破仑说："不，将军，我这一个平庸的士兵，实在不配骑这匹华美强壮的骏马。"

拿破仑回答道："世上没有一样东西，是法兰西士兵所不配享受的。"

世界上随处都有像这个法国士兵一样的人，他们认为自己的地位太低微，别人所有的种种幸福，是不属于他们的，认为自己是不配享有的，认为他们是不能与那些伟大人物相提并论的。这种自卑自贱的观念，经常成为不求上进、自甘堕落的主要原因。

很多人这样想：世界上最好的东西，不是他们这一辈子所应享有的。他们认为，生活上的一切快乐，都是留给一些命运的宠儿来享受的。有了这种卑贱的心理后，必然就不会有出人头地的观念。许多青年男女，本来能够做大事、立大业，但实际上却做着小事，过着平庸的生活，原因就在于他们自暴自弃，没有远大的理想，不具有坚定的自信。

与金钱、势力、出身、亲友相比，自信是更有力量的东西，是人们从事任何事业最可靠的资本。自信能排除种种障碍、克服种种困难，能使事业取得圆满的成功。

有的人最初对自己有一个恰当的估计，自信可以处处胜利，但是一经挫折，他们却半途而废，这是自信心不坚定的缘故。因此，光有自信心还不够，更须使自信心变得坚定，那么即使遇到挫折，也能不屈不挠，勇往直前。

假如我们去分析研究那些成就伟大事业的卓越人物的人格特质，就能够看出一个特点：这些卓越人物在开始做事之前，总是具有充分信任自己能力的坚强自信心，深信所从事之事业必能成功。这样，在做事时他们就能付出全部的精力，破除一切艰难险阻，直到胜利。

玛丽·科莱利说："假如我是块泥土，那么我这块泥土，也要预备给勇敢的人来践踏。"假如在表情和言行上显露着卑微，任何事情都不信任自己、不尊重自己，那么这种人当然也得不到别人的尊重。

造物主给予我们巨大的力量，鼓励我们去从事伟大的事业。而这种力量潜伏在我们的脑海里，使每个人都具有宏韬伟略，可以精神不灭、万古流芳。假如不尽到对自己人生的职责，在最有力量、最可能成功的时候不把自己的本领尽量施展出来，那么对于世界也是一种损失。

驱除消极的思想

对事物的看法，没有绝对的对错之分，但有积极与消极之分。而且，每个人都必定要为自己的看法承担最后的结果。

消极思考者，对事物永远都会找到消极的解释，并且总能为自己找到抱怨的借口，最终得到了消极的结果。接下来，消极的结果又会逆向强化它消极的情绪，从而又使他成为更加消极的思考者。

大凡成就伟大事业的人，都有一种积极的思考力量，凭借着创造力、进取精神和激励人心的力量在支撑和构筑着所有成就。一个精力充沛、充满活力的人总是创造条件使心中的愿望得以实现。

从前有个小村庄，村里除了雨水没有任何水源。为了解决这个问题，村里的人决定对外签订一份送水合同，以便每天都能有人把水送到村子里。有两个人愿意接受这份工作，于是村里的长者把这份合同同时给了这两个人。

得到合同的两个人中有一个叫艾德，他立刻行动了起来。每日奔波于几千米外的湖泊和村庄之间，用他的两只桶从湖中打水并运回村庄，并把打来的水倒在由村民们修建的一个结实的大蓄水池中。每天早晨他都必须起得比其他村民更早，以便当村民需要用水时，蓄水池中已有足够的水供他们使用。由于起早贪黑地工作，艾德很快就开始挣钱了。尽管这是一项相当艰苦的工作，但是艾德很高兴，因为他能不断地挣钱，并且他对能够拥有两份专营合同中的一份而感到满意。

另外一个获得合同的人叫比尔。令人奇怪的是，自从签订合同后他就消失了。

比尔干什么去了？原来他通过积极思考做了一份详细的商业计划书，并凭借这份计划书找到了4位投资者，和比尔一起开了一家公司。6个月后，比尔带着一个施工队和一笔投资回到了村庄。花了整整一年的时间，比尔的施工队修建了一条从村庄通往湖泊的大容量的不锈钢管道。

这个村庄需要水，其他有类似环境的村庄一定也需要水。于是经过考察，比尔重新制订了他的商业计划，开始向全国的村庄推销他的快速、大容量、低成本并且卫生的送水系统，每送出一桶水他只赚1便士，但是每天他能送几十万桶水。无论他是否工作，几十万的人都要消费这几十万桶的水，而所有的这些钱便都流入了比尔的银行账户中。显然，比尔不但开发了使水流向村庄的管道，而且还开发了一个使钱流向自己的钱包的管道。

从此以后，比尔幸福地生活着，而艾德在他的余生里仍拼命地工作，最终还是陷入了“永久”的财务问题中。

多年来，比尔和艾德的故事一直指引着人们。每当人们要对生活做出决策时，这个故事都会提醒我们，“磨刀不误砍柴工”，积极的思考比苦干更重要。

纵观古今，勤奋的人不计其数，但在事业上获得成功的人却不是很多。那是因为很多人都不能积极地思考。与此相反，如果你能在日常的生活与工作中养成积极思考的习惯，你会发现人生的出路很多，成功绝对不只是梦想。

改变平庸的生活

生活本身是丰富多彩的，除了工作、学习，还有许许多多美好的东西：温馨的家庭、可口的饭菜、美好的大自然……但是，总有一些人觉得自己的生活没有趣味，让人感受不到快乐和幸福。这样，便失去了生活的意义。

在单调而平庸的状态下生活是一个人的最大悲哀。事实上，没有一个人希望过这种生活，但是他们又不愿做出改变。他们缺乏勇气，缺乏为改变这种生活而努力的态度。由此我们可以得出，导致生活平庸和单调的根本原因就是消极的态度。

平庸的生活是没有快乐可言的，你不仅不能从中找到快乐，反而可能会体验到痛苦。你会经常被忧虑和烦恼所困扰，你会难以发现自身的优势，你会不自信，不愿主动与人交往。而你越是这样，情况就越糟糕，态度就越消极，从而导致了恶性循环。

生活是很美好的，关键在于你有没有一双善于发现的眼睛，有没有改变现状的决心，只要你能改变自己的态度，积极主动起来，生活就会变得阳光灿烂。

快乐的生活来自于自己的经营和调节，因此我们要善于激发自己对生活的热情，积极地培养自己对生活的兴趣，努力调整自己的生活态度。

没有快乐的生活就是平庸的生活，没有趣味和快乐的生活需要改进。

改变平庸的生活需要决心和勇气，而首先要做的就是拥有积极乐观的态度。

生活中没有快乐和热情的人，需要改变；平庸无能、消极颓废的人，更需要改变。

阿德勒是个农场主，他的心情总是很好。当有人问他最近如何时，他总是回答："我快乐无比。"

他说："每天早上，我一醒来就对自己说，阿德勒，你今天有两种选择，你可以选择心情愉快，也可以选择心情不好，我选择心情愉快。每次有坏事情发生，我可以选择成为一个受害者，也可以选择从中学些东西，我选择后者。人生就是选择，你要学会选择如何去面对各种处境。归根结底，你要自己选择如何面对人生。"

有一天，他被 3 个持枪的歹徒拦住了。歹徒朝他开了枪。

幸运的是发现较早，阿德勒被送进了急诊室。经过 18 个小时的抢救和几个星期的精心治疗，阿德勒出院了，只是仍有小部分弹片留在他的体内。

6 个月后，他的一位朋友见到了他。朋友问他近况如何，他说："我快乐无比。想不想看看我的伤疤？"朋友看了伤疤，然后问当时他想了些什么。阿德勒答道："当我躺在地上时，我对自己说有自己两个选择：一是死，一是活。我选择了活。医护人员都很好，他们告诉我，我会好的。但在他们把我推进急诊室后，我从他们的眼神中读到了'他是个死人'。我知道我需要采取一些行动。"

“你采取了什么行动？”朋友问。

阿德勒说：“有个护士大声问我对什么东西过敏。我马上答‘有的’。这时，所有的医生、护士都停下来等我说下去。我深深吸了一口气，然后大声吼道：‘子弹！’在一片大笑声中，我又说道：‘请把我当活人来医。’”

阿德勒就这样活下来了。

总之，一个人只要有乐观的心态和积极向上的决心，有改变现状、追求进步的勇气，就一定能够让自己的生活变得充实起来，从而改变自己平庸的生活。

人可以生活得平凡，但不要生活得平庸。如果你觉得自己过得很空虚、很烦躁，如果你对自己的生活质量不满意，那么你最好的选择就是：下定决心改变它。

没有人能阻止你获得快乐

随着生活节奏不断地加快，每天总有做不完的事，除此之外，社会竞争的加剧，生活、工作、学业、家庭的压力已经压得人喘不过气。于是，在忙忙碌碌、浑浑噩噩间，快乐离我们的心越来越遥远。

其实，快乐还是不快乐，完全是自己的事情，这一点，上帝是无法主宰的。只要你愿意，你可以随时调换手中的遥控器，让心灵的视窗选择快乐的频道。只要你保持一个快乐的心，谁也阻止不了你因此而获得的幸福。

有这样一个小故事：在很久以前，在威尼斯的一座高山顶上，住着一位年老的智者，至于他有多老，为什么会有那么多的智慧，没有人知道，只是据说他能回答任何人的任何问题。

有两个调皮捣蛋的小男孩不以为然。有一天，他们打算去愚弄一下这个老人，于是就抓来了一只小鸟去找他。一个男孩把小鸟抓在手心一脸诡笑地问老人："都说你能回答任何人提出的任何问题，那么请您告诉我，这只鸟是活的还是死的？"

老人当然明白这个孩子的意图，便毫不迟疑地说："孩子啊，如果我说这鸟是活的，你就会马上捏死它，如果我说它是死的呢，你就

会放手让它飞走。你看，孩子，你的手掌握着生杀大权啊!”

是的，我们每个人都应该记住这句话，我们每个人的手里都掌握着自己的快乐和幸福的生杀大权。

有一个女孩，长得不错，也有一份不错的工作，但她看上去总是很忧伤。

有一次，下班的女孩和往常一样乘地铁回家，人很多，一对情侣站在她的前面，他们亲热地相挽着，这个个子很高的女孩背对着她，高个子女孩的背影看上去很标致，高挑、匀称、活力四射，她的头发是染过的，是最时髦的金黄色，她穿着一条今夏最流行的吊带裙，露出香肩，是一个典型的都市女孩，时尚、前卫、性感。

他们靠得很近，低声絮语着什么，高个子女孩不时发出欢快的笑声。笑声不加节制，后来，他们大概聊到了电影《泰坦尼克号》，这时高个子女孩便轻轻地哼起了那首主题歌，女孩的嗓音很美，把那首缠绵悱恻的歌唱得很到位，虽然只是随便哼哼，却有一番特别动人的力量。女孩心里开始自卑起来，这一定是一个足够幸福和自信的人，才会在人群里肆无忌惮地欢歌。这样想来，她的心里便酸酸的，像我这样从内到外都极为普通的人、孤独无依的人，何时才会有这样的欢乐歌呢?

女孩打算看看那张美得倾城的脸上洋溢着幸福的样子。她在人群中吃力地挪到了他们的旁边，然而，她惊呆了，她看到的是一张被烧坏了的脸，用“触目惊心”这个词来形容也毫不夸张!可就是这样的女孩居然会有那么快乐的心境。

从此，这个忧伤的女孩开始变得快乐起来，因为她发现，其实没有什么大不了的事可以影响我们的心情。

世上没有绝对幸福的人，只有不肯快乐的心，而你是唯一可以

掌握它方向的人。

生命的绚丽不在终结之后,而在燃烧过程之中。两千多年前孔夫子就十分焦虑地告诉人们:“逝者如斯夫。”为了珍惜光阴,让人生活得有价值,他老人家对此更是提出了“发愤忘食,乐以忘忧”的警言。意思说得非常清楚:人生短暂,人人都应当珍惜。那么最积极的人生态度是什么呢?一是勤奋努力;二是乐观向上。

一颗快乐的心,必定是一颗勤奋的心,因为,人只有在勤奋的工作中才能体会到创造的快乐,同时也只有乐观豁达的人生观才能使人摆脱世俗的愁云惨雾。

无论何时,快乐都是自己的事情,只要愿意,我们完全有权自己选择自己的快乐,播种开心。

愚蠢大多来自贪婪与嫉妒

快乐无处不在，只要减少物质的追求，不执著于有无，少一些贪婪，多一份满足，就会发现和享受真正的快乐。

有两个人，一个爱贪婪，一个爱嫉妒。

两人互相憎恨，他们还说了上帝许多坏话——那贪婪的人这样说："瞧上帝干的事儿有多糟糕！他把高的往下压，为什么我穷，而我的敌人——住在我右边的邻居——却有钱呢?"

那爱嫉妒的人用他一贯的怨恨口吻说："上帝不会向着你，也不会听你的，让你成为王子，高居众人之上。你要是这样，就让我死掉……"

一个天使在列希姆的荒野里找到他们，天使向他们打招呼：

"……喂，我是被派来找你们的。今天，你们有求必应，每人可以提一个请求……这就是我答应你们的。你们两人哪一个要什么就有什么，而且马上兑现。不过，那个不先提要求的同伴，所得到的却要加一倍。这个规定，你们可不能违反。"

说完，天使就神不知鬼不觉地离开了他们，这两个人看不见、也找不到天使。这时他们才明白他是上帝的天使，他的话就是真理。

那贪婪的人满心想要双份儿的恩惠，他说："你先要吧。"

那爱嫉妒的人回答，"我怎么能先要一个而让你比我多呢?"

那贪婪的人听了非常气愤，怒不可遏地转向爱嫉妒的人，举起手来便打他。

两个人扭打起来，终于爱嫉妒的人同意先说了。

那爱嫉妒的人是这样说的：

"主啊，对你的仆人赏赐恩典的反面吧……我的两只眼睛瞎掉一只，但我的敌人要瞎掉两只。让我的一只手动不了，而我的敌人则是两只手动不了。"

他刚一说完，可怕的黑暗就降临到他身上，他的眼睛瞎了一只。

第二个人的所得，是他同伴的双份儿。爱嫉妒的人把脸转向他的同伴，噢，他的两只眼睛都看不见了，他的两只手也从袖子里搭拉下来，他的力量从他身上消失了。

这样，两个人在那里耻辱地、不光彩地留了下来。欲望连同怨恨一起离开了他们，因为贪婪的人再也不贪求占有那高楼大厦，他得到了坟墓。那爱嫉妒的人再也不对别人心存芥蒂了。他的嫉妒，在他丧失身体的重要部分时也离开了他，他受到的打击也是毁灭性的。

常言道：知足常乐。然而，生活中有些人却永远也不懂得知足，他们总是在满足了一个欲望的同时，又想得到更多，拥有更多，欲望也就会无限地膨胀。这永无止境的贪婪，最终会彻底毁灭一个人。

人一生中，因为太贪婪，所以很多的时候总感觉不快乐，想一想，不是快乐远离我们，而是我们活的不够简单罢了。人来到这个世界上，短短的几十年，辛辛苦苦的劳作，挣钱本身不是目的，目的是能够享受人生的快乐和圆满。生活贵在平衡，每一个环节都很重要，不能稍有偏废。如果过分贪婪,把握不住必要的尺度,就很容易受到伤害。抛弃欲望的重负,轻松愉悦的享受人生才是明智的选择。

而嫉妒是一种难以公开的阴暗心理。在日常工作和社会交往中,嫉妒心理常发生在一些与自己旗鼓相当、能够形成竞争的人身上。嫉妒能让人丧失理智,从而做出一些非常之举。比如:同事获得升迁,某人由于心存芥蒂,事后就对这位同事工作上的"破绽"大大攻击。对方再如法炮制,以牙还牙,如此恶性循环,必然影响双方的事业发展和身心健康。所以,要克服嫉妒心理首先要先想一下后果,认清这样做的危害性。

如果被嫉妒心理困扰,难以解脱,一定要控制自己,不做伤害对方的过激行为。这时,可以用转移的方法,将自己投入到一件既感兴趣又繁忙的事情中去。

工作及社交中嫉妒心理往往发生在双方及多方。而有才华的人,往往容易招人嫉妒,因此注意自己的品格修养,尊重与乐于帮助他人,尤其是自己的对手,这样不但可以克服自己的嫉妒心理,而且可使自己免受或少受嫉妒的伤害,同时还可以感受到心情的愉悦,何乐而不为呢?

以积极的心态工作

很多人常常无法改变自己在工作和生活中的位置，但完全可以改变其对所处位置的态度和方式。如果你总是以积极的心态面对你当下的工作，那么就必然能做出你意料之外的成绩来。

如果一个人，无论是在卑微的岗位上，还是在重要的职位上，都以一种服从、诚实的态度，并表现出完美的执行能力，这样的人一定是我们企业的最佳选择，也是任何一个企业的最优选择。

这是人们都很喜欢的关于工作的妙言：有人问一个员工，他会为他的公司工作多久。他微笑地回答："永远，直到他们警告要解雇我。"有很多人抱怨自己的工作。1998 年 4 月 7 日《美国今日》报道说，有 52% 的人说，他们有太多的工作要做，来不及表示他们对工作满意。准确一点说，在感觉到有工作负担的人里面，65% 的人是对他们的工作表示满意的。只有 45% 的人很少或几乎没有对他们的工作表示满意。人们通常认为很多人都想做最少的活儿，拿最多的报酬。后者不容置疑，但是实际情况是没有足够事情做的员工中几乎有一半不满意他们的工作。这些不满意包括认为他们的时间、天赋和能力都没有得到充分的发挥。

很少有事情能够满意到你能对自己说:“今天很好,我上了班并多做了一些。我对此感觉很好,对自己感觉也很好。”一个总是忙于工作的富有成效的员工对工作很可能是十分满意的,他不太可能到别的地方求职。很重要的一点是因为当员工在工作的时候,应该被有效地使用,富有成效能够给人们一种懒散所不能给予的满足感和成就感。

有两个分别名为臧、谷的年轻人,皆以放羊为生。但这一天傍晚,他们两人却不约而同空着手回到村里!

村人见到这种情形,连忙追问臧:“你负责放的羊群呢?到哪儿去了?”

“我在树下专心看书,一不小心,就让羊给跑了……”臧吞吞吐吐地回答众人。

村人们又接着质问谷。谷很难为情地答道:“我一面放羊,一面和别人赌博,一个不留神,羊就跑了!”

虽说臧、谷二人由于在放羊的同时,各自在做不同的事,致使羊群走失,听来仿佛言之成理。然而,身为牧羊人的他们所放牧的羊群,毕竟都因他们的怠忽职守,忘却羊群主人的托付,而殊途同归地跑了。

或许我们有足够的能力为自己一时的糊涂、罔顾诚信之道的行为编造出千万种理由。但是,不论我们如何粉饰太平,所有事情的结局,终究只能是回归“真实”。

托尔斯泰曾说过:“谎言从来没有合理的借口。”

北卡罗来纳查罗特市的中央皮埃蒙特社区学院校长托尼·泽斯博士,通过研究确认了最满意的员工和应聘者的性格特征。积极的态度是最重要的性格。最容易得到提升的员工都有优秀的工作表现，显现出良好的与人合作的自身素质，并对组织也都很忠诚。并且，把组织的困难看做是自己的困难的员工往往会得到提升。培养积极的工作关系的能力以及领导的才能也会有助于工作上的成功。

快乐的人比中性或是消极的人更有机会得到提升，而且这样的人也更健康。30 岁以下的人比其他任何年龄组的人更快乐，对自己的工作也更满意。据霍吉·克鲁因和埃索·艾特斯 1994 年的一项研究，排名前 600 的 CEO 中有 100％的人认为幽默感对他们的事业有积极的作用，其中 95％的人说在别的条件同等的情况下，他们会雇用一个有幽默感的雇员。

员工的态度、顾客的满意程度和员工工作效率之间有直接的联系，员工共有的态度会影响到士气和生产率。

一个人的成功在很大程度上取决于自己的思考方式。有位哲人说过：你以怎样的方式思考，思想就以怎样的方式来引导你。其实，我们每个人天生都有积极思考者所具有的热情、正直、信心、决心等品格，只是这些品格有时在某种程度上被环境所淹没。所以，要想出色地工作，需把自己变成一个积极思考者。重新审视自己对自身品格的看法，鼓励自己充满自信地工作，享受快乐工作的乐趣，从而在工作中发挥最大潜能。

好事多磨，把心放宽

善良人常常把宽容给了陌路，把温柔给了爱人，却忘了给自己留一点。

从前，有一位老人上街去赶集，不小心丢失了一匹马。邻居们都替他惋惜。老人却说："我虽然丢了一匹马，但这未必不是一件好事。"

众人听了，都感到老人很可怜。过了几天，丢失的马跑回来了，而且还带回来了一匹骡子。众人见了纷纷羡慕不已。可是，老人却忧心忡忡地说："你们怎么知道这不是一件坏事情呢？"

大家都以为老人一定是让好事给乐疯了，以至于连好事坏事都分不清。几天后，老人的儿子骑着骡子在院子里玩，一不小心把腿摔断了。

邻居们都过来劝老人不要伤心难过。不料，老人却笑着说："你们怎么知道这不是一件好事情呢？"大伙儿简直不敢相信自己的耳朵，无不奇怪地悻悻离去。

事隔不久，战争爆发了。凡是身体健康的年轻人都被拉去当了兵，大多数人都战死沙场，再没能回来。而老人的儿子却因为腿瘸没有应招当兵,待在家里平安无事。

这个故事,就是著名的“塞翁失马,焉知非福;塞翁得马,焉知非祸”的成语典故。

世上的很多事都是难以预料的,成功常常伴随着失败,失败往往孕育着成功,好事会变为坏事,坏事也会变为好事。人的一生,本来就是成败相随,好坏更替的统一体。聪明的人,都会尽力使坏事变好事,而提防让好事变坏事。

在人生的旅途中,有顺境也有逆境,有欢乐也有忧伤。不过有的人容易看到其中美好的一面,另一些人则只记住悲哀的一面。忧和喜是事物给你带来的两种心情,只要你不钻牛角尖,想问题善于从两面或多个角度去思考,哲理就在你身边,大可不必忧心忡忡。

好事多磨,我们应该有这个信念:失意是一种磨炼的过程,心即使在冰冻三尺之下也不会凉的。俗语有“瑞雪兆丰年”之说,雪愈大,年愈丰。

站得高,你就看得远。没有一帆风顺的人生。如果一生无挫折,未免太单调、太无趣、太乏味。没有失败的尴尬和忍辱哪来成功的喜悦?也许你就是忍受不了人情的冷暖和失败的打击,抱头哀叹,早已说过“不如意事十常八九”,如果再次遇到,那就当它是横亘于面前的一块石头吧。摆正它,登上去!也许视你的野会更开阔、心胸会更豁达呢!

善良人常常把宽容给了陌路,把温柔给了爱人,却忘了给自己留一点。有一句话很有用,叫“没什么”。对别人总要说许多“没什么”,或出于礼貌,或出于善良,或出于故作潇洒,或出于无可奈何,或是真不在意,或是别有用心。如果你要劝解自己,也要学会这么说。缺少阳光的日子很忧郁,你要学会说“没什么”,失去朋友的生活很寂寞，你要学会说“没什么”。自己已经很累了，需要一种真诚的谅解，说句“没什么”，对你自己，对自己疲惫的心灵。这么说，并不是让你放纵所有的过错，只是渴求自拔，也不是决意忘怀所有的遗憾，只是拒绝沉溺。自己劝慰自己才管用。

一个真正勇敢的人，在磨难中昂首挺胸，意志坚定。他敢于对付任何困难，嘲笑任何厄运，因为贫穷困苦不足以损他毫发，反而增加了他的力量！

做人的乐趣正是在于你要面对一次次的失败与挫折，要面对成功的喜、失败的悲，面对一个你未知的未来。总之，相信好事多磨，人生失意在所难免，权且把心放宽。

总有雨过天晴的时候

要相信雾后是晴天，黎明前的黑暗过去就是初升的太阳。

雾挡住了太阳，模糊了我们的视野，使人的心情也像雾一样灰暗不明。许多人都因一大早见到雾而郁郁寡欢，但也有的人见到雾反而兴奋不已，因为他知道大自然的雾，日出便消散，雾后肯定是晴天。看见浓雾，他会自语："很快便要雾散日出。"同样是雾天，不同的是人的心态，乐观的人看到是雾后的天，悲观的人只见雾、不见天。

换一种心情去看雾，你会减少许多的忧愁和不必要的烦闷；换一种心态对待生活，你会收获许多的快乐。当我们因昨天与朋友闹一场误会而心头茫然时，应该立刻运用沟通的手段，让和解的阳光尽早出现。打个电话，发个短信或电子邮件，送一件表示歉意的礼物……你的所作所为都是天晴前的浓雾，慢慢地雾散了，朋友就会又回到了你身边。那种愉悦无以言表。

因此无论何时都应该想到雾只是薄薄一层，它后面有个太阳，又明亮又温暖，它会把雾收去，交给世界一个晴朗的天。

只有拥有阳光般的心态，才会拥有阳光般的生活。

一个人在工作或者生活不开心的时候，内心比较脆弱，所以很

容易对他人产生不当的期待。我们时常在这种情绪低落的时候,把我们见到的每一个人都当成是我们的朋友,向他倾诉我们的不幸,并渴望获得安慰与同情。但是你是否想过:你的每个朋友都愿意听你诉苦吗?

对于每个人来说,随时遭遇无法预料的危机,本身就是一件很平常的事情。家里小孩生病、至爱亲友死亡、婚姻亮起红灯等,这些大大小小的问题都会使我们压力倍增,心力交瘁,精神疲惫,进而影响我们的情绪。

曾经有人说,这个世界上的每个人都是以自我为中心的,每个人的视角也完全是被自己先天或后天形成的思维定式所左右,所以每个人的注意力都不同,喜欢把注意力集中在自己感兴趣的事情之上。比如说,你们夫妻最近经常无端的发生口角,你察觉你和你太太的关系已经发生危机。而且也许这个时期又是公司最紧张的时候,你的业务也很繁重。在家庭和业务的双重压力下,你很容易陷入无奈情绪的陷阱,处于一个相当低落的时期。大多数人在情绪低落的时候,总是希望别人能给予关怀,对自己伸出援助之手。所以在这种情况下,稍不留神你就会失去自控力,家庭问题上的苦闷和事业的压力让你急需有人倾听你的感受,帮你发泄心中的郁闷和不满。

不是每个人都是我们可以信赖的朋友,而且每个人都有自己感兴趣的事情,你对他们倾诉一些你自己觉得催人泪下的事情也许并不会博得他们的同情,有时候反而会觉得你小题大做,没能力处理好一些简单事件等。

仔细想想,这种渴望引起别人的同情与注意的心理是一种小孩心态。我们都见过这样的画面:许多时候,当一个孩子摔倒以后,他并不是马上张嘴大哭,而是看周围有没有人注意他,如果有人的话,他就会惊天动地哭起来；若没有人，他一般就会无可奈何地爬起来，继续玩他的游戏。小孩子的这种把戏会让人觉得可爱好玩，但换作一个成年人呢？

大自然的雾消散很快，生活上的雾，在好心态的驱逐下，一样停留不了多久。当心情不好时，想想浓雾消散的过程吧。浓雾天，虽然向上空望不见太阳，但能看见它四周的银环，那是晴天的希望，你只需要想到阳光一定能穿透雾气照射大地，今天一定是个好天气。渐渐的环绕在太阳周围的雾气慢慢淡化，蓝天逐渐显现出来。又过了一会儿，云块儿也飞快地退去，万里无云的天空，闪闪发光的太阳出现在你面前，就会照亮你的心灵。

其实，每个人都会有不少烦心的事儿，大家也许都在“水深火热”中挣扎，何必总拿自己的不开心强加到别人头上呢？除非迫切需要帮助，否则即使是最好的朋友，也不要拉着人家陪你一起悲伤，还是自我调节为好。要相信雾后是晴天，黎明前的黑暗过去就是初升的太阳。

投之以微笑，报之以微笑

查尔斯·史考伯曾说过，他的微笑价值一百万美金。他可能只是轻描淡写而已，因为史考伯的性格，他的魅力，他那使别人喜欢他的才能，几乎全是他卓越成功的整个原因。他的性格中令人喜欢的一项因素是他那动人的微笑。

一个人面带微笑，远比他穿着一套高档华丽的衣服更吸引人注意，也更容易受人欢迎。

因为微笑是一种宽容、一种接纳，它缩短了彼此的距离，使人与人之间心心相通。

喜欢微笑着面对他人的人，往往更容易走入对方的天地。

难怪学者们强调："微笑是成功者的选择。"

一个纽约大百货公司的人事经理在招聘员工时坦言，他宁愿雇佣一名有可爱笑容而没有念完中学的女孩，而不愿雇佣一个摆着扑克面孔的哲学博士。

笑的影响是很大的，即使它本身无法看到。

遍布美国的电话公司有个项目叫"声音的威力"，提供如何使用电话来推销他的产品和服务。在这个项目里,电话公司建议你,在打电话时要保持笑容,但你的“笑容”是由声音来传达的。

我们不妨看看俄亥俄州的辛辛那提一家电脑公司的经理是怎样为一个很难填补的缺额找到了一个适当的人选的。

“为了替公司找一个电脑博士几乎要了我的命。最后我找到一个非常好的人选,他刚从普渡大学毕业。几次电话交谈后,我知道还有其他几家公司也希望他去,而且都比我的公司规模大而且有名。当他接受这份工作时,我真的是非常高兴。他开始上班时我问他,为什么放弃其他的机会而选择来我们公司工作。他停下来说:‘我想是因为其他公司的经理在电话里都是冷冰冰的,商业味很重,那使我觉得好像只是另一次的生意上的往来而已。但你的声音,听起来似乎真的希望我能够成为你们公司的一员。你可以相信,我在听电话时是笑着的。’”

任何一个人都希望自己能给别人留下好感,这种好感可以创造出一种轻松愉快的气氛,可以使彼此成为朋友。

一个人在社会上就是要靠这种关系才可以立足,而微笑正是打开愉快之门的金钥匙。

哈斯特在纽约股票市场工作。他和妻子结婚后,从早晨起来上班到每天下班,都很少微笑着对妻子说话,这种情形已经有 18 年了。家庭生活就像一潭死水,沉闷而没有生气。

后来,他认识到微笑对他自己对别人的重要,他抱着试试看的心理决定尝试一下。

早上他对着镜子梳头的时候,看着自己无精打采、满面愁容的样子,他告诫自己从现在起要微笑,要微笑着去面对每一个人。

当他坐下吃早餐的时候，微笑着对妻子打了声招呼:“早安,亲爱的！”

你想知道他妻子有什么反应吗？她当时惊诧万分,简直被搞糊涂了。

哈斯特对她说,以后他每天都会是这样子,她会慢慢习惯的。

3个多月过去了，在这段时间里，这个家充满了快乐。从那时起,哈斯特得到的幸福比任何时候都多。他每天去上班的时候,会对办公楼的电梯管理员微笑着说“早上好”,微笑着和大楼里的警卫打招呼。当他开始工作的时候,会微笑着面对任何一个认识或不认识的人。

微笑带来了奇迹,所有的人也都对他报以微笑。

每天,哈斯特用愉悦的心情去接待那些满肚子牢骚的人。

他一面听着牢骚,一边微笑着解决问题,事情往往很容易解决了。他发现微笑给他带来了更多的收入。

哈斯特的同事是一个很年轻、很讨人喜欢的职员,他把自己学到的这一点告诉了他。这个年轻的同事对他说,当初他认为哈斯特是一个很古怪的人,直到最近,他才改变了对他的看法。他告诉哈斯特,在他微笑的时候,让人觉得和蔼可亲。

微笑让哈斯特完全变成了另外一个人，一个整天充满快乐的人,一个更加富有的人,在家庭和朋友方面都很满足——而这才是真正重要的。

微笑在大多场合都是一个畅通无阻的通行证。

无论你在什么地方,无论你在做什么,在人与人之间,简单的一个微笑是一种最为普及的语言，它能够消除社交中人与人之间的

隔阂。

哈佛大学教授威廉·詹姆斯说："行动似乎是跟随在感觉后面，但实际上行动和感觉是并肩而行的。行动是在意志的直接控制之下，而我们能够间接地控制不在意志直接控制下的感觉。

因此，如果我们不愉快的话，要变得愉快的主动方式是，愉快地坐起来，而且言行都好像是已经愉快了起来……"

没有人喜欢帮助那些整天愁容满面的人，更不会信任他们；很多人在社会上站住脚是从微笑开始的，还有很多人在社会上获得了极好的人缘也是从微笑开始的。

"没有什么事，是好的或坏的，"莎士比亚说，"但思想却有所不同。"美国总统林肯曾经说过："大多数人得到的快乐和他们决心得到的快乐差不多。"只有那些身处逆境而保持乐观的人，才具有获得成功的潜质，而且比一般人要强。

弗兰克林·贝特格，当年圣路易红雀棒球队的三垒手，目前是全美国最成功的推销保险人士之一。

他曾说过："许多年前就发觉，一个面带微笑的人永远受欢迎。

因此，在进入别人的办公室之前，他总是停下来片刻，想想他必须感激的许多事情，展出一个大大的、宽阔的、真诚的微笑，然后当微笑正从脸上消失的刹那，走进去。

他相信，这种简单的技巧，跟他推销保险如此成功，有很大的关系。让我们记住爱德·哈巴德的一段忠告吧。

记住，只有将它付诸行动才能收到理想的效果。

"每次在你走出家门的时候，把头抬得高高的，让你的肺部充满新鲜的空气；用微笑来招呼每一个人，每次握手时都使出力量。不要浪费时间去想那些不愉快的事情，径直向着自己的目标迈进吧。伴随着岁月的轨迹，你会发现自己无意中掌握了实现你的希望所需要的机会，就像海里的珊瑚虫在水中汲取所需的物质一样。在心中想象着那个你梦想中的充满智慧的、能干的人，而这种想法，会使你每时每刻都在向那个理想的人转化……想象的力量是无穷的。

“保持正确的人生观，坚持自己的计划。一切成功来自于希望，而每一个诚挚的祈祷，都会实现。我们心里想什么，就会变成什么。抬起你的头，我们就是明天的上帝。”

善于微笑的人，是最有魅力的人。

微笑是让自己受人欢迎的最简单、最有效、最持久的办法，别人可以拒绝你，但无法拒绝你的笑容。

当你向一个人微笑的时候，他将很快被你征服。

你的笑容就是你好意的信差，你的笑容能照亮所有看到它的人。对那些整天都皱眉头、愁容满面、视若无睹的人来说，你的笑容就像穿过乌云的太阳。尤其对那些受到上司、客户、父母或子女的压力的人，一个笑容能帮助他们了解一切都是有希望的，也就是说世界上是有欢乐的。

成功学大师拿破仑·希尔曾说：“笑是人类的天性，人人都能笑，但不是人人都会笑。”

可见，微笑也是一门艺术，只有恰如其分地微笑才能产生积极的效益，其基本的原则就是真诚、得体以及恰当的时机。

一个微笑所负载和传导的真情，胜过了千言万语，所以才有了“相逢一笑泯恩仇”之说。

微笑是人良好心境的表现，说明心底平和，心情愉快；

微笑是善待人生、乐观处世的表现,说明心里充满了阳光;

微笑是有自信心的表现,是对自己的魅力和能力抱积极和肯定的态度;

微笑是内心真诚友善的自然表露,说明心底的坦荡和善良;

微笑还是对工作意义的正确认识,表现出乐业敬业的精神。

热情做事，平静做人

能够认识别人，是一种智慧；能够被别人认识，是一种幸福；能够自己认识自己就是圣者贤人。人最难的是正确认识自己，能够清醒地做到这一点，也就近乎一个纯粹完美的人。

14 世纪，莫卧儿帝国的一位皇帝在一次战役中大败，自己蜷缩在一个废弃马房的食槽里，垂头丧气。这时，他看到一只蚂蚁拖着半粒玉米，在一堵垂直的墙上艰难地爬行。这半粒玉米比蚂蚁的身体大许多，蚂蚁爬了 69 次，每次都掉下来，它又尝试第 70 次。这位皇帝想：蚂蚁尚能如此，我为什么不？他终于重整旗鼓，打败了敌人。

现实生活中，为什么那么多人在困难面前低头，不能够像那位莫卧儿帝国的皇帝一样最终取得成功呢？

德国哲学家黑格尔说："没有热情，世界上没有一件伟大的事能完成。"

热情高于事业，就像火柴高于汽油。一桶再纯的汽油，如果没有一根小小的火柴将它点燃，无论它质量怎么好也不会发出半点光，放出一丝热。

而热情就像火柴，它能把你具备的多项能力和优势充分地发挥出来，给你的事业带来巨大的动力。

一个没有热情的领导，整天无精打采，没有丝毫的朝气，那么，他的职员一定也会因此而失去工作的兴趣，当大部分职员都没了工作热情时，领导再怎么努力地去工作也会于事无补，只能眼睁睁地看着自己的单位垮掉。有许多出色的领导者，都是凭一股对事业的执著与热情，历尽艰辛，最后才取得成功的。

有一个哲人曾经说过："要成就一项伟大的事业，你必须具有一种原动力——热情。"

英国的乔治·埃尔伯特也指出："所谓热情，就像发电机一般能使电灯发光、机器运转的一种能量；它能驱动人、引导人奔向光明的前程，能激励人去唤醒沉睡的潜能、才干和活力；它是一股朝着目标前进的动力，也是从心灵内部迸发出来的一种力量。"

蒸汽火车头为了随时产生动力，即使停放在车库中时，也必须不断加燃料，让锅炉中的煤炭始终处于燃烧状态。

人也同样如此，我们必须始终保持着旺盛的热情。

甘·巴卡拉曾说过："不管任何人都会拥有热情，所不同的是，有的人的热情只能维持 30 分钟，有的人热情能够保持 30 天，但是一个成功的人，却能让热情持续 30 年。"

当你的脚踩上加速器时，汽车便会马上产生一股动力，向前行驶。而热情也理应如此。

因此，你必须牢记：热情是动力，思想是加速器，而你的心就是加油站。

热情是自信的来源，自信是行动的基础，行动是进步的保证。任何人都愿意相信自信的人，一个觉得自己没有希望，连自己都不相信的人，是不可能取得什么成就的。

因为，有时候并不是你真的没有能力完成一件事，而是因为恐惧和悲观导致你无法完成。

如果独木桥的那边是结满硕果的园子，自信的人会毫不犹豫大胆地走过去采摘自己喜爱的果子，而缺乏自信的人却在原地犹豫：我是否能走过去？而在你犹豫的时候，果实早已被大胆行动的人采光了。

任何一个成功者都充满自信。强烈的自信心，能鼓舞自己的士气，在许多时候会取得意想不到的效果。

美国政坛巨头哈瓦·法勒斯曾经说过："对一个企业来说，一个政府部门来说，乐观和热情就像克服摩擦的润滑剂一样。乐观能使人对新的选择或方案保持开放，能够使人以一种愉快的心情和积极的心态来看待和处理他所面对的事情。"

相反，情绪悲观，则让人始终沉浸在郁闷、消极的心境里，不能正确面对迎接的挑战。

在你合作的群体里，每个人的能力都不会相差得太悬殊，每一个人的机遇也是大致均等的。

因此，在你合作的群体里，你总想能取得竞争的胜利，占据竞争的优势，这个想法是不太正确的，也是不太现实的。

任何人都一样，既有在合作中竞争胜利的可能，也有失败的可能，胜利了，固然可喜可贺，但失败了，也一定要想得开。

你必须明白：阳光不可能每时每刻都照耀着你，而不去照顾一下别人，每个人都会经历到竞争失败的结果，即使失败了，也应该乐

观地看待，不要始终沉浸在悲观之中，好像觉得自己永无出头之日一样。

你如果在竞争中被对手打败，不妨笑着面对现实，并且向你的合作者兼竞争者表示友好和祝贺，这既能使你在你的合作者中显示出大将风度，又能增添自己战胜失败的信心。

你在一次竞争中失败了，并不意味着你以后的每次竞争都会失败。

失败后，在保持乐观情绪的情况下，认真总结经验，分析自己失败的原因、竞争对手获胜的原因，那么在下一次较量中你就很有可能尝到胜利的滋味，把失败的痛苦留给你的竞争者对手。

相反，如果你失败后，悲观消沉，一蹶不振，那么，你在下一次竞争中会再次名落孙山，那就真的永无出头之日了。

无论做任何事，“三心二意”都是一大障碍，不把全部精力集中在你要做的事情上，而去想其他无关紧要的事情，心猿意马，难免会分散精力。

一个人的精力是有限的，没有足够的精力投入到事业上去，那么这项事业成功的机会可想而知。

把你的意志集中于所要办的事情上，就会大大加强你自己的能力，就如同激光的强力在于集中一样，假如你能专心致志于你现在正在进行的事业上，你将变得更有效率。

大多数的成功者之所以能够成功，就在于他们始终如一地坚持在自己的事业上。

美国社会学家特莱克考察了他所遇到的所有企业家，发现他们具备一个共同点：那就是坚忍不拔的精神。

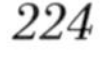

人的一生要面对许多人，经历许多事，但无论如何都要活的平凡而高贵。

其实这也不难，只要能学会热情做事，平静做人就够了。